中国LNG
发展报告
2024

王恺　王震　主编

China LNG Report 2024

化学工业出版社
·北京·

内容简介　　本书为中国海油集团能源经济研究院组织编写的关于中国 LNG 行业发展的年度报告，详细分析了全球及我国 LNG 行业宏观形势、政策、贸易、消费、供应、价格及基础设施等的相关数据及发展现状，科学预测了 LNG 行业未来一段时间内在供需、规模等方面的发展趋势，以期为相关企业及研究机构了解 LNG 行业现状、把握发展趋势提供参考。

　　本书可供从事液化天然气（LNG）产业、石油天然气工程、油气储运、城市燃气等专业的科研、设计、建设和生产运行人员阅读，也可供石油院校相关专业的师生参考。

图书在版编目（CIP）数据

中国 LNG 发展报告．2024 ／ 王恺，王震主编．
北京：化学工业出版社，2024．9．-- ISBN 978-7-122
-46612-9

　　Ⅰ．TE64

中国国家版本馆 CIP 数据核字第 2024W1Q096 号

责任编辑：孙高洁　刘　军
责任校对：宋　夏
装帧设计：王晓宇

出版发行：化学工业出版社
　　　　　（北京市东城区青年湖南街 13 号　邮政编码 100011）
印　　装：北京宝隆世纪印刷有限公司
787mm×1092mm　1/16　印张 6½　字数 94 千字
2024 年 10 月北京第 1 版第 1 次印刷

购书咨询：010-64518888
售后服务：010-64518899
网　　址：http://www.cip.com.cn
凡购买本书，如有缺损质量问题，本社销售中心负责调换。

定　　价：98.00 元　　版权所有　违者必究

本书编写人员名单

主　　编：王　恺　王　震

参编人员：（按姓名汉语拼音排序）

孔盈皓　李　伟　石　云　孙楚钰

王　丹　赵思行　邹梅妮

China LNG Report 2024

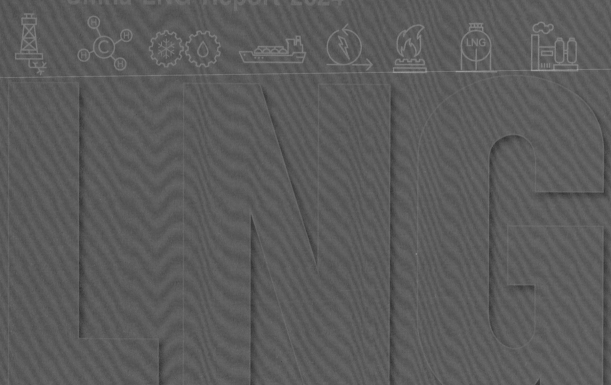

China LNG Report 2024

LNG

大力发展天然气是发达国家以及新兴经济体能源转型过程中的典型做法，天然气也是公认的能源转型的"桥梁纽带"。液化天然气（LNG）呈液态，可通过LNG船或槽车进行长线运输，在没有长输管道的地方进行远距离运输和存储更为经济。近年来，LNG在全球天然气贸易中的占比呈逐年上升态势，LNG在天然气领域愈加重要。中国海油集团能源经济研究院以建设中国特色国际一流能源公司智库为目标，坚持"高端、高起点、高水平"发展要求，集团队之力编写完成本书，以期回顾2023年进展，预估2024年趋势，展望天然气行业中长期发展前景，为能源企业、研究机构等提供参考。

本书围绕"全球LNG行业回顾与发展趋势""中国LNG行业回顾与发展趋势""专题分析"三个主题。"全球LNG行业回顾与发展趋势"主题关注2023年全球影响天然气行业发展的重要事件，分析了2023年全球天然气发展的宏观形势、供需、贸易、价格及基础设施现状，预测了2024年全球LNG行业发展情况；"中国LNG行业回顾与发展趋势"主题回顾了2023年中国LNG行业的政策、消费、供应、价格及基础设施，并对2024年的LNG消费、供应、价格进行了预测；"专题分析"主题分析研判了国内外天然气行业的中长期供需态势。

本书编写过程中，得到了中国海油集团能源经济研究院专家委员会的大力支持，在此一并予以诚挚的感谢！

受能力和时间所限，报告中难免存在疏漏和不足之处，恳请读者提出宝贵的意见和建议，帮助我们不断提高质量。

编者

2024 年 7 月

目录

CONTENTS

China LNG Report 2024

LNG

第一章

全球 LNG 行业回顾与发展趋势

第一节
全球LNG行业回顾

一、全球经济与政治背景

2023年，全球经济复苏乏力，面临一系列挑战。为了抑制高通胀，欧美发达经济体收紧货币政策，全球金融环境趋紧、信贷成本提高，拖累投资需求和商品消费，全球总产出增长乏力，经济增速有所回落，全球经济增速3.3%，低于2022年3.5%的水平（图1-1）。

近年来，欧洲与中东地区的地缘政治局势对全球能源转型、能源生产与消费、能源运输等领域产生了深远影响，进一步强化了石油、天然气、粮食和关键金属等战略物资的重要地位，LNG贸易成为全球天然气市场再均衡的重要力量。

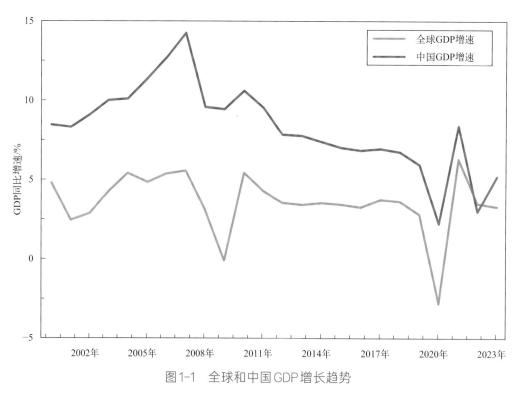

图1-1　全球和中国GDP增长趋势

数据来源：国家统计局、国际货币基金组织

二、全球天然气供需

1. 全球天然气产量小幅上涨

2023年，全球天然气产量4.06万亿立方米，同比2022年小幅上涨。分国家看，地缘政治对俄罗斯天然气行业的影响仍然延续，俄罗斯天然气产量持续下滑至5864亿立方米，同比2022年减少320亿立方米。美国LNG出口量持续增加，刺激美国天然气产量同比2022年增长419亿立方米，达到1.04万亿立方米，创历史新高。从地区看，俄罗斯产量持续下滑，带动独联体地区产量同比2022年下降4.2%至7736亿立方米；北美地区产量为1.26万亿立方米，同比2022年小幅增长4.1%，美国仍为主要增长极；亚太、欧洲、中东、拉丁美洲以及非洲产量分别为6918亿立方米、2043亿立方米、7127亿立方米、1620亿立方米、2536亿立方米（图1-2）。

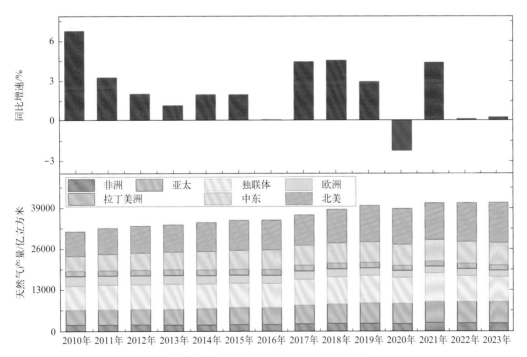

图1-2　全球天然气产量（分地区）

数据来源：Energy Institute

2. 全球天然气消费小幅上涨

2023年，全球天然气消费量为4.01万亿立方米，同比2022年微幅上涨0.004%。从地区看，北美天然气消费量居全球首位，达到1.11万亿立方米，占全球天然气消费量的28.0%；天然气价格回落，叠加夏季气温偏高，拉动亚太地区消费量回升至9354亿立方米，同比2022年增长151亿立方米；受经济不振、年初暖冬、新能源替代的影响，欧洲地区天然气消费4634亿立方米，同比2022年减少343亿立方米；独联体地区消费量为5960亿立方米，同比2022年小幅上涨0.5%；拉丁美洲、非洲以及中东地区消费量分别为1617亿立方米、1712亿立方米、5777亿立方米（图1-3）。

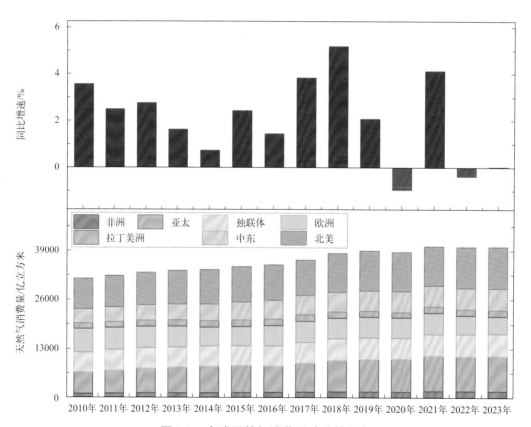

图1-3　全球天然气消费量（分地区）

数据来源：Energy Institute

三、全球LNG贸易

1. 2023年全球LNG贸易量增速放缓

2023年，全球经济复苏乏力，LNG贸易量增速放缓。2023年贸易量4.09亿吨，同比2022年增幅约1.7%，较2022年增速下降。进口方面，亚洲仍是全球第一大LNG进口地区（见附录3全球LNG市场划分），但2023年经济复苏动力不足，对全球贸易增长的拉动作用下降，LNG进口量2.63亿吨，同比2022年小幅增长2.9%，较2021年进口水平低5.0%。欧洲为第二大LNG进口地区，LNG进口需求因俄罗斯管道气供应削减维持高位水平，进口量1.26亿吨，与2022年进口量同比小幅下滑，较2021年攀升57.7%（图1-4）。

2. 美国成为全球第一大LNG出口国

2023年，美国液化产能扩张叠加Freeport LNG出口设施恢复

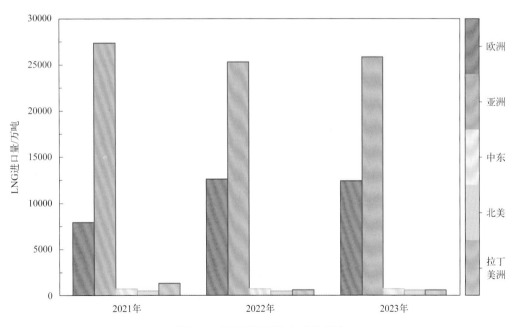

图1-4 LNG进口量（分地区）

数据来源：IHS Markit

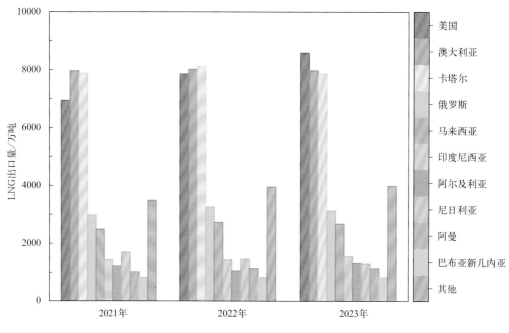

图1-5　LNG出口量（分国家）

数据来源：IHS Markit

运营，LNG出口快速增长，超越卡塔尔、澳大利亚成为全球第一
大LNG出口国，LNG出口量8550万吨，同比2022年增长8.9%。
澳大利亚位居第二，LNG出口量由2022年的8012万吨小幅下滑至
2023年的7959万吨；四季度液化工厂的罢工行动曾威胁到澳大利亚
的出口，但最终只有轻微的中断，出口受影响较小。卡塔尔2023
年LNG出口量为7945万吨，较2022年减少154万吨。2023年，前
三大液化天然气出口国的出口量合计占全球总出口量的60.5%
（图1-5）。

3. 中国超越日本重新成为最大的LNG进口国

2023年，随着长协供应增加以及现货价格下降，中国（未包含
香港、澳门、台湾地区）LNG进口量有所增加，总进口量约7130万
吨，超越日本，重新成为全球最大的LNG进口国。

日本位居第二，2023年LNG进口量6598万吨，较2022年减少

615 万吨。韩国仍然是第三大进口国，2023 年进口量 4486 万吨，较 2022 年减少 225 万吨。2023 年，日、韩煤炭和核能发电比例较高，叠加高于正常水平的 LNG 库存和全年相对温和的天气，抑制了对 LNG 的需求。

进口量排名前二十的国家或地区中，2023 年进口量增加的有 11 个。其中，中国（未包含香港、澳门和台湾地区）增量最多，增量超 700 万吨。德国、荷兰、泰国、印度分列第二至第五位，增量分别为 500 万吨、435 万吨、324 万吨、228 万吨。日本进口降幅排名第一，减少量为 615 万吨。英国、法国、西班牙、韩国位列第二至第五位，减少量分别为 431 万吨、407 万吨、306 万吨、225 万吨（图 1-6）。

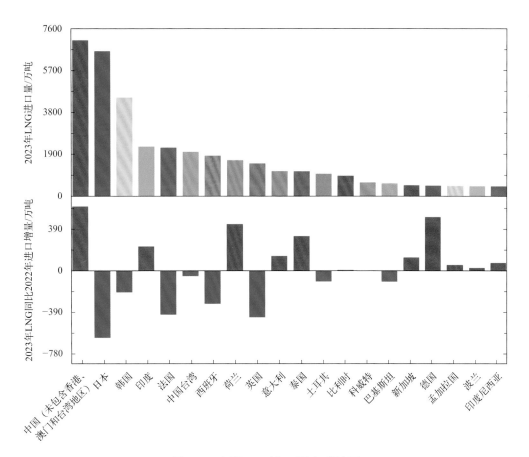

图 1-6　主要 LNG 进口国家或地区

数据来源：IHS Markit

4.历经2022年调整，2023年全球LNG贸易格局达到再平衡

需求侧，近两年，面对管道气贸易的"西退东进"，全球LNG进口需求整体呈现"西升东降"态势。

供应侧，主要LNG供应国出口流向随需求调整，以满足欧洲LNG进口需求增量。美国、俄罗斯增加了对欧洲的出口比例，同时一定程度降低了对亚洲的出口比例（图1-7）。

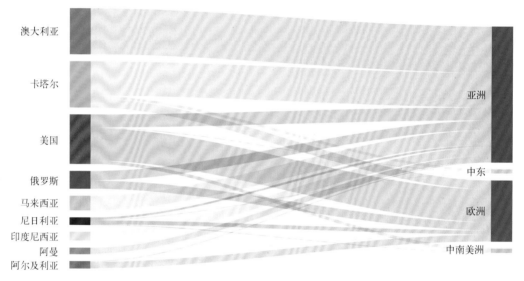

图1-7　2023年LNG贸易流向

数据来源：Rystad Energy

四、全球天然气价格

2023年全球天然气价格同比大幅回落。欧洲市场，受经济复苏乏力、年初暖冬、新能源替代等因素影响，本土消费大幅缩减，储气库库存水平维持近5年高位（图1-8），荷兰产权转让设施（TTF）天然气即月期货价格显著回落，2023年年均价12.67美元/百万英热，同比2022年下跌55.8%。亚洲市场，经济复苏缓慢、日韩LNG库存高位、替代能源产能充足，欧亚LNG资源竞争减弱，东北亚

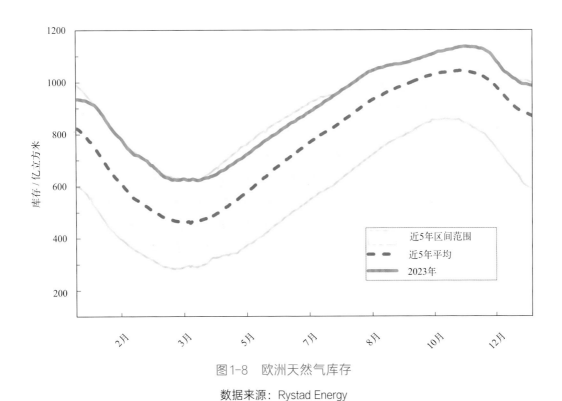

图1-8　欧洲天然气库存

数据来源：Rystad Energy

LNG价格跟随TTF走低，2023年年均价14.40美元/百万英热，同比2022年下跌55.8%。美国市场，产量稳定增长，天然气库存水平同比大幅增加，供需相对宽松，亨利中心（Henry Hub）即月期货价格下跌，2023年年均价2.67美元/百万英热，同比2022年下跌59.1%（图1-9）。

五、LNG基础设施

1. 液化设施

　　2019 ～ 2020年，受经济下行等影响，LNG行业投资削减且部分液化项目工期延迟，导致2021 ～ 2023年全球液化产能增速放缓。2023年，全球液化产能增量降至近年低位，约560万吨，远小于2016 ～ 2020年LNG投产热潮时的增量（图1-10）。液化产能增量主

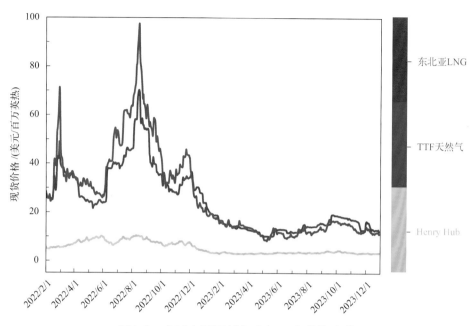

图1-9　全球主要天然气市场现货价格走势

数据来源：Rystad Energy、EIA

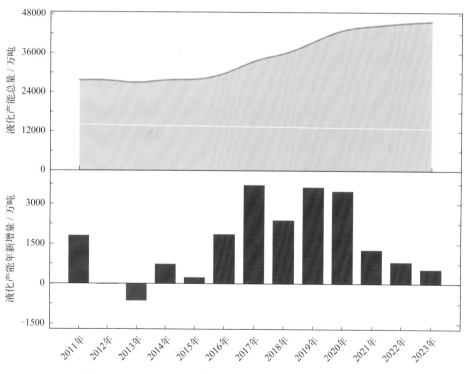

图1-10　2011 ~ 2023年全球液化产能历年总量和增量

数据来源：IHS Markit

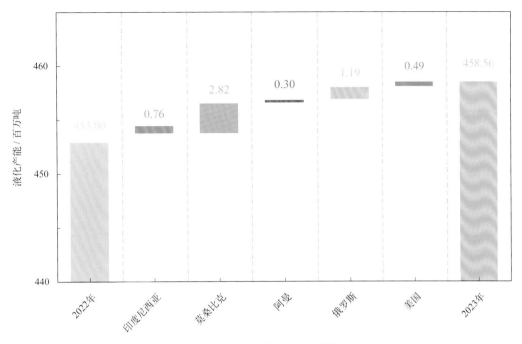

图 1-11　2023 年全球液化产能增量分布

数据来源：IHS Markit

要集中在莫桑比克、俄罗斯、印度尼西亚、美国和阿曼，其新增液化产能分别为 282 万吨、119 万吨、76 万吨、49 万吨、30 万吨（图 1-11）。

至 2023 年底，全球在运营的液化项目产能合计约 4.6 亿吨，主要分布在中东、澳大利亚、非洲、北美、亚洲等地区。其中，受美国产能快速扩张拉动，北美液化产能显著增长，在全球液化总产能中的占比由 2016 年的 2% 迅速增至 2023 年的 18%，在全球 LNG 行业中的地位显著提升（图 1-12）。

至 2023 年底，全球在建或通过最终投资决定（final investment decision，FID）的液化产能为 2.2 亿吨，其中约 47% 位于北美。2023 年，共计批准了 5880 万吨/年的液化能力，主要来自美国的 Plaquemines LNG（T19 ～ T36,1000 万吨）、Port Arthur LNG（1350 万吨）、Rio Grande LNG（1760 万吨）和卡塔尔的 Qatar Energy LNG（1560 万吨）（图 1-13）。

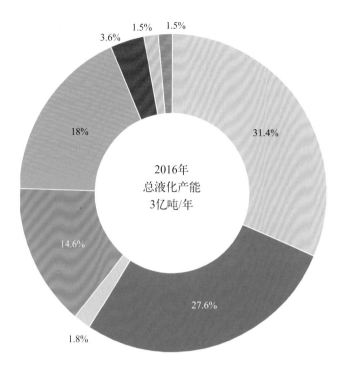

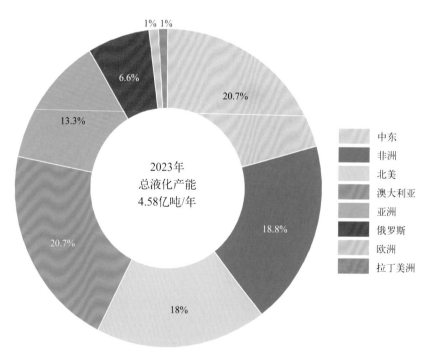

图1-12　全球在运营液化产能分布（2016年、2023年）

数据来源：Rystad Energy

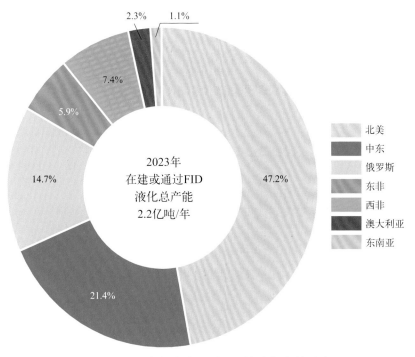

图1-13　全球在建或通过FID的液化产能分布

数据来源：Rystad Energy

　　至2023年底，处于FID前期阶段的潜在液化能力约10.2亿吨/年，其中61.9%位于北美（图1-14）。美国拟建的液化产能约3.5亿吨/年，尽管大多数液化项目为绿地项目，但其往往由模块化生产、分阶段交付的中小型生产线组成，提升了项目销售的灵活性和经济竞争力。加拿大拟建的液化产能约2.3亿吨/年，位于西海岸的液化设施在向亚洲运输时，较美国墨西哥湾沿岸项目具有运输成本优势。俄罗斯拟建的液化产能约1.6亿吨/年，随着输往欧洲的天然气大幅减少，俄罗斯正寻求增加LNG的生产和出口。非洲拟建的液化产能也达到了1亿吨/年，然而，为有效推动项目实施，尚需克服经济、政策、安全等方面的一系列困难。

　　近年来，浮式液化技术取得了重大进展，浮式液化装置的建造成本大幅降低。截至2023年底，全球在运营及获得审批的浮式液化项目产能约2040万吨/年（图1-15），此外还有大量潜在产能处

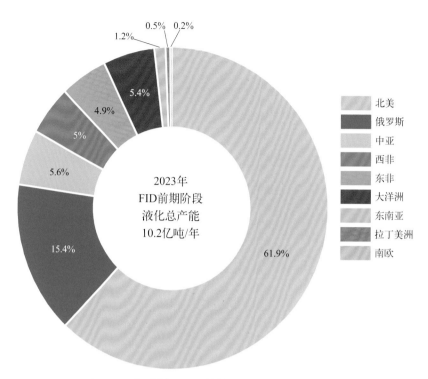

图1-14　全球处于FID前期阶段的液化产能分布

数据来源：Rystad Energy

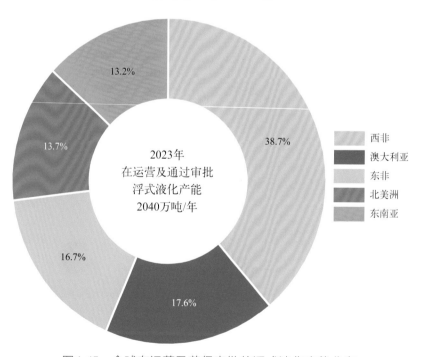

图1-15　全球在运营及获得审批的浮式液化产能分布

数据来源：Rystad Energy

于FID前期阶段。浮式液化项目不仅适用于小型、偏远的海上气田，且与传统的陆上项目相比，在土地限制、环境影响等方面挑战相对较小，具有独特的优势。

2. 接收设施

全球LNG接卸能力加快增长。截至2023年底，全球LNG接卸能力合计10.06亿吨/年（较2022年底增加6990万吨/年），储存能力达到8139万立方米。年内新增或扩建LNG接收终端17座；平均再气化利用率小幅下降至41%；LNG转出口量980万吨/年（图1-16）。

2023年是全球LNG接卸能力增长最多的一年。2023年，全球LNG进口市场中有10个市场新建/扩建17个LNG气化设施，17个设施主要包括7座陆上LNG接收站、9个FSRU终端、1个扩建项目。2个新增市场：菲律宾（Batangas Bay LNG接收站，500万吨/年，2023年4月投产）、越南（Thi Vai LNG接收站，300万吨/年，2023年7月投产）；7座陆上LNG接收站：分别位于中国（广州南沙、唐山曹妃甸、天津南港、浙江温州）、印度（达姆拉）、西班牙（El Musel）、越南（Thi Vai）；9个FSRU终端：分别位于菲律宾（Batangas Bay FSU、First Gen FSRU）、中国（香港Bauhinia Spirit FSRU）、芬兰（Inkoo FSRU）、法国（Le Havre FSRU）、意大

图1-16　2023年全球LNG市场关键核心指标

数据来源：Rystad Energy

利（Italia FSRU）、土 耳 其（Gulf of Saros FSRU）、德 国（Lubmin
FSRU、Elbehafen FSRU）（图1-17）。

（1）日本、韩国、中国LNG接卸能力稳居全球前三位

日本作为最早建造再气化码头的国家之一，再气化能力常年
位居全球第一。截至2023年底，日本再气化能力2.18亿吨/年，占
全球产能约22%。韩国一直是全球第二大再气化市场，全球前五
大LNG进口接收站中有三个位于韩国，现有8个码头，总进口能力
1.41亿吨/年。

中国在国内需求带动下，再气化能力持续增长，多个新项目处
于在建设阶段，目前成为再气化能力排名第三的市场。在国内强劲
的经济增长、快速城市化和工业化支撑下，中国的天然气需求在
2022年之前保持了多年的高速增长，LNG进口已成为满足中国各行

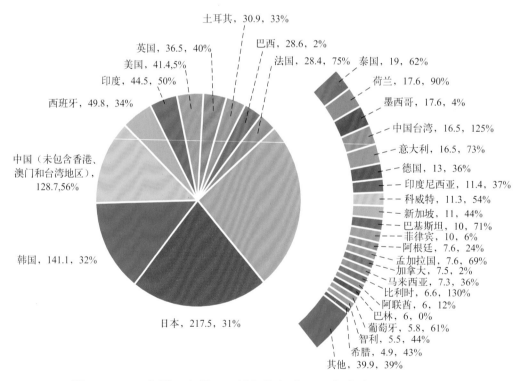

图1-17　2023年进口市场LNG接卸能力（百万吨/年）和终端利用率

数据来源：Rystad Energy

业发展的关键能源供应渠道。自2006年首个进口LNG接收站投运以来，中国LNG再气化能力飞速提升。截至2023年底，中国再气化能力达到1.29亿吨/年，2023年共投产6个新项目，产能增加2190万吨/年。目前，共有20个新建和17个扩建项目正处于建设阶段，预计到2030年，中国将再增加1.53亿吨/年的再气化能力，届时，中国将超过韩国位居全球第二位，并缩小与日本的差距。

（2）欧洲多个新建再气化项目投入运营

2022年，受地缘政治环境影响，欧洲国家加速再气化建设，以确保能源安全。2023年，多个新建再气化项目投入运营，累计新增产能3000万吨/年，约占2022年全球新增产能的40%。在建设项目方面，共有分布在8个欧洲市场的11个再气化项目处于建设阶段，再气化能力合计2.43亿吨/年，其中，75%来自比利时、法国、波兰和德国等新建的陆上项目。

2023年，法国进口LNG总量为2140万吨，低于上年的2560万吨，排名跌落一位至全球第五位。受欧洲整体需求不旺影响，西班牙LNG进口量同比2022年下降20%至1680万吨，再气化利用率从2022年的50%降至2023年的34%。德国两个新建LNG接收站投运，分别是规模为380万吨/年的Lubmin FSRU和规模为370万吨/年的Elbehafen FSRU。未来几年，德国将有大批再气化项目投产，再气化规模将大幅增至4600万吨/年，拉动欧洲整体再气化能力上涨，主要新建项目包括Wilhelmshaven、Elbehafen、Mukran和Stade，启动时间从2022年到2027年。以上项目全部投运后，预计德国的再气化能力将满足其60%以上的天然气需求。

（3）巴西引领拉丁美洲地区再气化能力增长

2023年，拉丁美洲再气化能力为5380万吨/年，与2022年持平。截至2024年3月，巴西有9个FSRU码头，再气化能力合计为4240万吨/年，占拉丁美洲总气化能力的60%以上。在建设项目再气化能力方面，拉丁美洲目前在建设的再气化项目为两个FSRU浮式码头和一个陆上码头，总再气化能力为240万吨/年，包括位于巴拿马的规模为110万吨/年的Sinolam、位于尼加拉瓜的130万吨/年的Puerto Sandino FSRU以及安提瓜和巴布达的一个小型进口终端。此外，智利批准了该国第四个再气化码头——规模为300万吨/年的GNL Penco Lirquen，计划于2027年投入使用，该项目将增加17万立方米的LNG储存能力。

（4）全球再气化利用率呈下降趋势

2023年，全球再气化利用率由2022年的43%降至41%（图1-18）。2023年，包括欧洲、亚洲在内的主要地区市场需求疲软，同时新投运的再气化终端利用率较低，进一步拉低全球均值。

① 欧洲地区平均利用率大幅降低。2023年，可再生能源加速发展叠加暖冬因素影响，区域天然气需求呈下降趋势，库存维持近五年最高水平，欧洲进口商的购买动机降低；同时，美国出口欧洲的LNG达到5490万吨，占欧洲进口总量的47%。欧洲地区平均利用

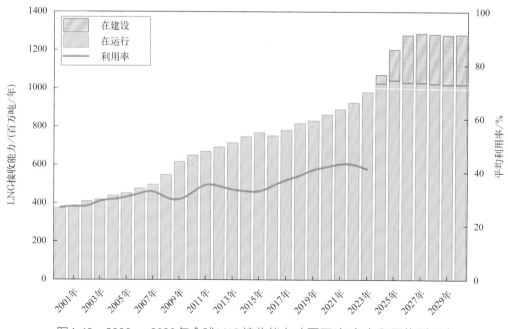

图1-18　2000 ~ 2030年全球LNG接收能力（百万吨/年）和平均利用率

数据来源：Rystad Energy

率从2022年80%的历史峰值降至66%，LNG进口量同比下降4.7%。法国平均利用率接近75%，低于2022年的100%，且峰谷差异明显，11月至12月冬季需求高峰期间，利用率分别高达114%和105%，3月需求低谷期间，利用率仅为49%。比利时的再气化利用率从2022年的近170%下降到2023年的130%。德国再气化利用率为36%。

　　② 亚洲地区平均利用率略有下降。由于亚洲再气化能力的涨幅超过需求增幅，该地区再气化利用率略有下降，从2022年的44%降至2023年的43%。日本再气化利用率从2021年的37%连续两年下降至2023年的31%，主要是核能产量的增加对LNG发电板块产生明显的替代效应，同时，日本LNG库存也保持在较高水平，抑制了LNG进口商的进口动力。韩国政府宣布了其第十个电力供需基本计划，推翻了之前逐步淘汰核能发电的计划，因而韩国核电产量增加，可用电力容量提高，导致韩国再气化利用率从2022年的33%小幅降至32%。中国再气化利用率为56%左右，与2022年水平接近，远低于

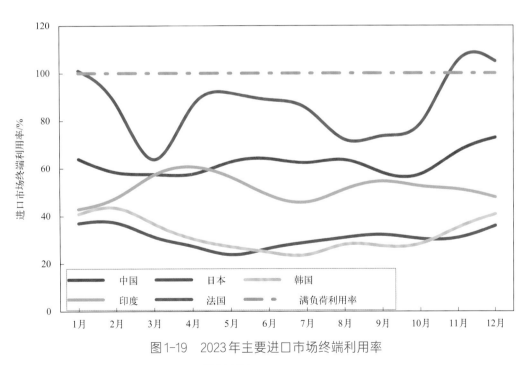

图1-19　2023年主要进口市场终端利用率

数据来源：Rystad Energy

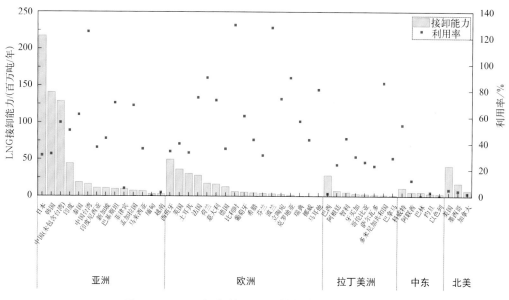

图 1-20　2023 年各地区 LNG 接卸能力和利用率

数据来源：Rystad Energy

2020年至2021年80%以上的高位，主要是以下两方面原因：一是，尽管2023年中国天然气需求恢复增长，但6.9%的增速低于市场预期；二是，中长期购销合同是LNG稳定供应的坚实基础，现货进口作为迎峰度夏、迎峰度冬需求旺季的调峰来源，由于中国已签订了相对充足、具有价格优势的中长期购销合同，国际天然气现货价格的大幅回落也无法激发LNG进口商进口现货的热情。未来，随着中国再气化能力快速增长以及国内LNG需求放缓，再气化利用率预计将稳定在40% ～ 50%，恢复到80% ～ 90%历史高位的可能性不大。同时，中国进口LNG还将会面临来自进口管道气的替代竞争，特别是随着来自俄罗斯的西伯利亚力量1号、计划中的西伯利亚力量2号以及来自中亚D线进口气量的增加，管道气将进一步挤压LNG进口空间（图1-19）。

北美地区优先考虑LNG出口，平均再气化利用率仅为4%。2023年，包括美国、墨西哥和加拿大在内的北美地区的平均再气化利用率仅为4%。美国总接收规模为4140万吨，尽管再气化能力相对较高，但其对 LNG 进口的需求较低，再气化终端的平均利用率仅为 5% 左右；美国市场 75% 以上的进口 LNG 由波多黎各的码头接收，2023 年该码头 LNG 进口量同比 2022 年几乎翻番，达到 173 万吨，其再气化利用率从 2022 年的 28% 上升到 2023 年的 56%（图 1-20）。

（5）浮式及海上 LNG 接收终端蓬勃发展

截至 2023 年底，全球共有 52 个浮式和海上 LNG 接收终端，接卸能力合计 2.12 亿吨 / 年，约占全球再气化能力的 20%。

过去十年，大多新兴市场均通过新建 FSRU 进入 LNG 进口行业。截至 2023 年底，现有的 47 个 LNG 进口市场中，有 16 个仅有浮式 LNG 接收终端（远高于 2013 年的 7 个），10 个市场使用浮式和陆上码头，21 个市场仅有陆上进口方式（图 1-21）。2023 年，全球共 9 个 FSRU 终端投产，接卸能力合计 4030 万吨 / 年（图 1-22）。其中，6 个位于欧洲地区，接卸能力合计 2410 万吨 / 年，受 2022 年能

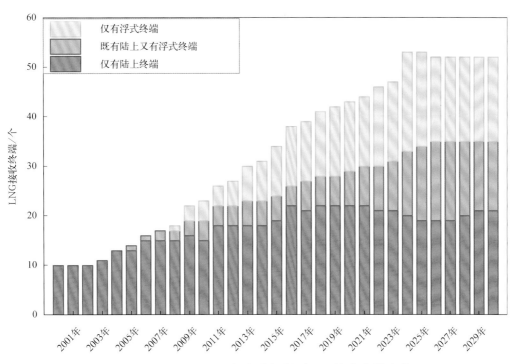

图 1-21　2000 ~ 2030 年全球各类型 LNG 接收终端个数

数据来源：Rystad Energy

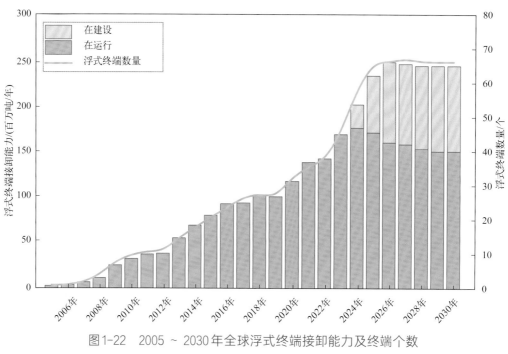

图1-22　2005～2030年全球浮式终端接卸能力及终端个数

数据来源：Rystad Energy

源危机影响，欧洲大规模部署再气化终端建设，而FSRU由于在建设方面的灵活性和便利性以及较低的投资，获得了欧洲地区新兴进口市场的青睐；另外3个新投产FSRU终端分别位于菲律宾和中国。

3. LNG 储存能力

全球LNG储存能力保持较快增长，增幅明显高于上年，亚洲市场仍是主要驱动因素。截至2023年底，全球LNG储存能力达到8139万立方米，较上年增加715万立方米，增幅高于2022年增幅268万立方米。2023年全球共投产16个LNG接收站新建项目和2个扩建项目。其中，增量最大是亚洲地区，新建11个再气化项目累计增加储存能力515万立方米，占全球增量约72%。日本、中国、韩国仍然是全球最大的三个再气化市场，储存能力合计占比62%。韩国的Pyeongtaek是全球储存能力最大的接收站，LNG储存能力高达 336 万立方米，远高于 44 万立方米的全球平均水平，其接卸能力 4060 万吨/年，位居全球第二位。浮式储存能力方面，全球共新增的 9 个浮式码头合计增加了 179 万立方米的储存能力，其中，6 个位于欧洲，储存能力占比 61%（图 1-23）。

2023 年，中国新增 478 万立方米陆上储存能力，贡献全球增量的 80%。陆上储存能力方面，中国新建或扩建了 6 个陆上 LNG 接收站，共增加了 452 万立方米的储存能力，贡献全球陆上 LNG 储存能力增量的 84%，目前有 29.1 万立方米的储存能力正处于建设阶段。未来，随着新建接收站项目和扩建项目投运，中国的 LNG 储存能力将进一步提升。在建项目中，江苏盐城滨海 LNG 一期扩建项目和浙江宁波 LNG 三期项目的再气化项目新增储存能力最高，两个项目都将新建 6 个 27 万立方米的 LNG 储罐，单个罐容均为世界最大。

2023 年，菲律宾和越南是两个 LNG 进口的新兴市场，储存能力共计 61.1 万立方米。菲律宾 Batangas Bay 接收站通过新建

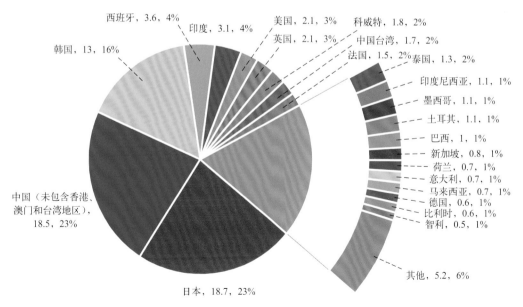

图 1-23　2023 年进口市场终端储存能力（百万立方米）

数据来源：Rystad Energy

FSU增加储存能力13.75万立方米，通过两个陆上LNG储罐增加储存能力12万立方米，通过改造第一代FSRU增加17.3万立方米。越南新建的Thi Vai陆上接收站，增加了18万立方米的储存能力。

4. LNG运输船

2023年全球新交付LNG运输船31艘，显著低于2018～2021年的平均水平（年均约50艘）。截至2023年底，全球共有LNG运输船689艘，其中包括47艘浮式储存和再气化装置（FSRU）和8艘浮式储存装置（FSU）。2023年全球LNG运输船数量较2022年增长4.7%，而LNG航程数量增加1.7%（图1-24）。

近年来，全球LNG运输船的平均容量基本维持在17万立方米，主要是为了规模经济，同时也需要满足途经主要运河的限制要求。

截至2023年底，全球在建LNG运输船数量为359艘，约为目

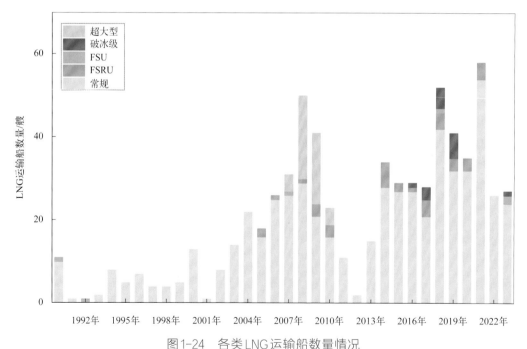

图1-24　各类LNG运输船数量情况

数据来源：Rystad Energy

前现役船队的50%。韩国造船商HD现代、三星重工和韩华海洋（原大宇造船）是前三大LNG运输船的造船商，目前持有订单分别为111艘、85艘和72艘。中国造船商沪东中华目前手持订单49艘。Maran Gas Maritime运营着全球最大的现役LNG运输船队。韩国、日本和中国造船厂之间激烈竞争使新造船舶成本保持相对较低水平。

5. LNG加注船

2023年，随着地缘政治风险溢价逐渐消除，全球LNG价格持续走低，LNG在船用燃料领域的竞争力和经济性逐步提升，叠加全球清洁能源转型政策趋严，全球LNG船用燃料需求大幅增长。

截至2023年底，全球可运营的LNG加注和具备加注能力的小型船队已达到47艘，比2022年增加了9艘，总新增容量为11.37万立方米。亚洲、欧洲、北美和南美分别增加了4、2、2和1艘。虽然LNG加注船数量在亚洲和北美不断增长，但约有一半的船只在欧洲运营，且船龄相对年轻，大多数现役船都是在近五年内交付的。

2023年11月，中国首艘江海全域全季作业LNG运输加注船"海洋石油302"号在江苏启东举行下水启动仪式，并于2024年4月正式交付。"海洋石油302"是中国首艘通过中国船级社（CCS）入级建造检验的LNG运输加注船，也是自设计建造之初就兼具LNG运输及加注功能的绿能船。其总长132.9米，型宽22米，型深11.8米，设计吃水5.8米，加注速度高达2000立方米/小时，最大运输存储量12000立方米。

第二节
全球LNG行业发展趋势

1. 2024年全球液化产能增量降至新低

2024年，预计全球新增液化产能430万吨/年，增速降至近年新低，总量约4.63亿吨/年。液化产能增量主要来自俄罗斯、莫桑比克、澳大利亚、墨西哥，增量分别为227万吨/年、58万吨/年、40万吨/年、35万吨/年，美国、刚果等其他国家贡献70万吨/年（图1-25）。

2. 东北亚LNG现货价格或继续下降

虽然2024年全球新增液化产能较少，但受暖冬、全球制造业疲软等影响，主要国家和地区库存高企，供暖季结束后欧洲天然气库存维持近5年最高水平，LNG进口预计有所下降，欧亚LNG资源竞

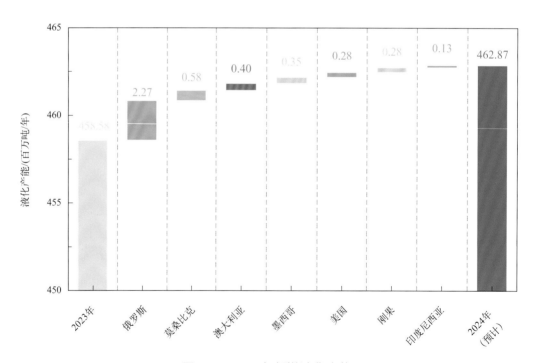

图1-25　2024年新增液化产能

数据来源：IHS Markit

争有所减弱，东北亚 LNG 现货价格有望继续回落，预计东北亚 LNG 现货均价 10 ～ 13 美元/百万英热（图 1-26）。

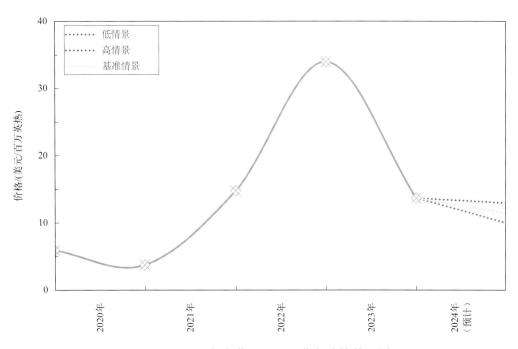

图 1-26　2024 年东北亚 LNG 现货年度均价预测

数据来源：IHS Markit、中国海油集团能源经济研究院

第二章

中国 LNG 行业回顾与发展趋势

第一节
中国LNG行业回顾

一、中国政策分析

中国天然气消费由高速增长期进入中速增长期，供应保障能力稳步提升，市场竞争加剧。2023年以来，能源工作首要任务仍为保供稳价。《2023年能源监管工作要点》《2023年能源工作指导意见》《关于进一步深化石油天然气市场体系改革提升国家油气安全保障能力的实施意见》等文件要求全国能源系统和油气行业，持续加大油气增储上产，坚决保障我国油气核心需求。与此同时，随着中国能源绿色低碳转型加快，天然气成为当前及中长期解决新能源调峰问题的重要途径之一，国家能源局等能源部门先后发布《加快油气勘探开发与新能源融合发展行动方案（2023—2025年）》《轻工业重点领域碳达峰实施方案》等政策文件，天然气消费在当前及未来较长时间内仍将保持稳步增长。

（1）中国天然气价格体制改革稳步推进　一方面，价格联动顶层设计陆续出台，为天然气价格体制改革指明方向、提供改革动力。2023年国家发展和改革委员会下发《关于建立健全天然气上下游价格联动机制的指导意见》，深化中国天然气价格机制改革。各省市积极响应国家层面改革要求，建立健全城镇燃气终端销售价格与采购成本联动机制，探索天然气价格联动机制。河北、浙江、山东、湖南、福建等省份陆续出台具体价格联动措施，如调整天然气基准门站价上浮幅度、缩短上下游联动调价周期、简化联动价格公式、全面推进居民天然气顺价机制等，或加速推动上下游价格联动机制的建立与完善。另一方面，《国家发展改革委关于核定跨省天然气管道运输价格的通知》是天然气管网运营机制改革以来的首次定价，也是国家首次按"一区一价"核定跨省天然气管道运输价格。价格核定后，国家石油天然气管网集团有限公司经营的跨省天然气管道运价率由20个大幅减少至4个，构建了相对统一的运价结构，打破了运价率过多对管网运行的条线分割，有利于实现管网设施互联互通和公平开放，加快形成"全国一张网"，促进天然气资源自由流动和市场竞争，助力行业高质量发展。

（2）天然气基础设施建设持续推进　2023年，中央在提升"全国一张网"覆盖范围和建设油气管网重大工程的基础上，出台《天然气管网设施托运商准入与退出管理办法（征求意见稿）》，旨在进一步推动天然气管网设施公平开放，规范天然气管网设施的使用及托运商管理，维护公平竞争市场秩序。国家管网集团推出"管网通"服务，通过统筹考虑站、管、库等基础设施能力，充分提高管网基础设施运行效率，满足天然气灵活存取需求，一定程度上解决资源时空错配问题，有利于天然气市场化进一步推进。

二、中国 LNG 消费

2023年，国际地缘政治影响减弱、国内经济回升向好、国际天然气及国内LNG价格大幅回落、LNG供应相对充足，国内LNG消费呈现明显复苏趋势，自2020年后首次恢复正增长，全年LNG消费量3632万吨，叠加2022年低基数影响，同比增长22.2%（图2-1）。

（1）各地区LNG需求均有所恢复　2023年，主要受中国LNG液厂产量、LNG接收站槽批量均较快增长推动，各地区LNG需求均呈恢复态势。

受国内液态价格下跌等因素影响，西北地区LNG消费占比超过华东、华北，达21.3%，较上年增长3.5个百分点，位居第一，且增长速度最快，同比增速达46.5%。

华北、西北地区增量超100万吨，同比分别增长144万吨、246

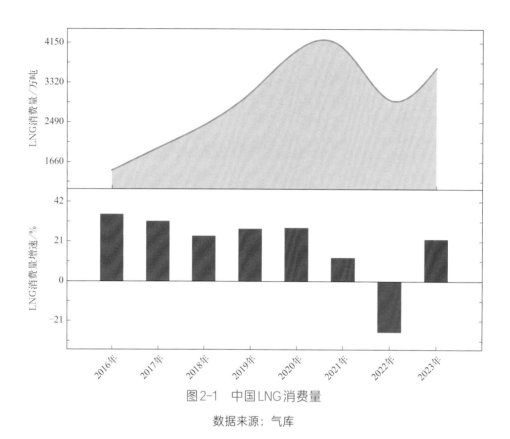

图 2-1　中国 LNG 消费量

数据来源：气库

万吨（图 2-2、图 2-3）。

（2）交通和工业仍是 LNG 消费的两大主要领域　2023 年，各终端 LNG 消费量均有所增加，各板块占比相对稳定，车船加注和工业燃料仍是 LNG 消费两大主要领域。其中，交通用气量 1624 万吨，同比 2022 年增长 25.2%；工业燃料用气量 1104 万吨，同比 2022 年增长 23.9%；城市燃气用气量 756 万吨，同比 2022 年增长 18.7%；发电用气量 149 万吨，同比 2022 年增长 0.8%。从结构上看，交通用气占比 44.7%，工业用气占比 30.4%，城燃用气占比 20.8%，发电用气占比 4.1%（图 2-4）。

①交通用气较快回升。一方面，2023 年，为有效降低汽车污染排放、持续提高生态绿色发展水平，国家、省市相继出台《天然气利用政策（征求意见稿）》《船舶制造业绿色发展行动纲要（2024—

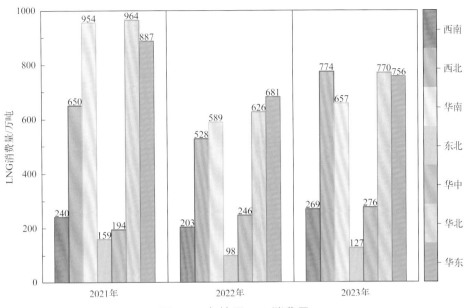

图 2-2 各地区 LNG 消费量

数据来源：气库

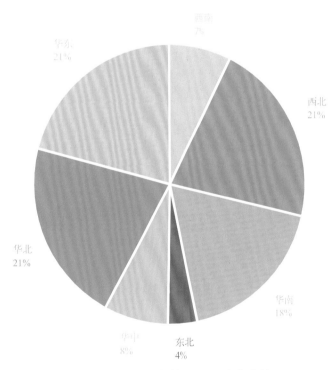

图 2-3 2023 年各地区 LNG 消费占比

数据来源：气库

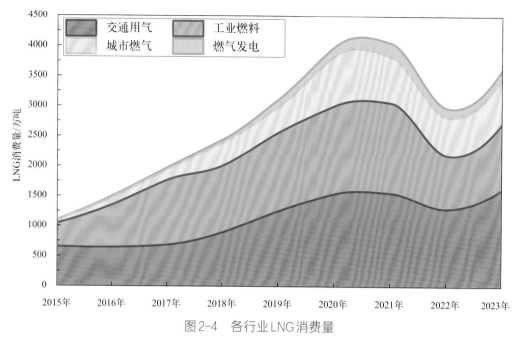

图2-4　各行业LNG消费量

数据来源：气库

2030年)》《广东省全面推行清洁生产实施方案（2023—2025年)》
等多项政策，支持使用LNG动力船舶和液化天然气作为车船燃料，
加快推进天然气在交通领域的高效利用及加注站等基础设施建设。
另一方面，受东北亚LNG现货价格同比大幅降低影响，车用LNG较
液化石油气（LPG）及燃料油的经济性逐步显现（以华东地区为例，
自2023年2月起，LNG价格持续低于LPG和燃料油，8月价差分别
扩大至41.70元/百万英热、66.05元/百万英热），叠加市场物流周转
率的提升，2023年中国LNG重卡销量超15万辆，同比增长307%，
为交通用气需求提供了增长潜力。

　　② 工业燃料恢复性增长。虽然2023年LNG成本较上年明显降
低，为价格敏感的工业用户的用气需求起到一定支撑；但受出口需
求疲软、库存高位等因素影响，工业企业持续呈弱复苏态势；同时，
房地产市场恢复缓慢，陶瓷、玻璃等相关行业用气需求疲软。此外，
受2022年LNG价格大幅上涨及部分省市对工业企业点供站、双气源

的安全管控等因素影响，工业用户在 2023 年更倾向管道气。

③ 城市燃气快速增长。一方面，受人民生活水平日益提高、"双碳"目标等因素驱动，中国城镇燃气普及率持续增长，用气人口同比增长 6%，旅游、餐饮业持续复苏（2023 年铁路旅客发送量同比增长 130.4%，全国餐饮收入同比增长 20.4%），商业用气需求较快增长。另一方面，近年来，LNG 主要扮演城燃用气补充气源的角色，在临近冬季供暖季，得益于明显降低的进口 LNG 成本，部分城燃企业采购 LNG 的备货补库需求高于 2022 年，但国内管道气供应充足制约其上行空间。

④ 燃气发电增速反弹。燃气发电作为规模最小的 LNG 消费板块，用户主要集中在华南地区。由于燃气电厂经济性有限，LNG 多用于调峰使用，且季节性特征明显。尽管在进口 LNG 价格回落的刺激下，华南地区部分燃气电厂发电积极性有所提升，但各地政府提前锁定管道气资源，夏季制冷需求对 LNG 消费的刺激有限。

三、中国 LNG 供应

1. 国产 LNG

国产 LNG 稳步增长。2023 年，中国 LNG 槽车供应量为 3632 万吨，同比 2022 年增长 22%。其中，国产 LNG 供应量为 2390 万吨，占比 66%，同比 2022 年增长 14%；进口 LNG 槽批供应量为 1242 万吨，占比 34%，同比 2022 年增长 43%（图 2-5）。

国内液厂开工率增长。2023 年 1～3 月，企业预期增强，上游液厂开工积极性提高；5 月伴随国际 LNG 现货价格的持续回落，进口资源持续增加，上游资源供应充足，海陆竞争较为激烈，国产液厂盈利不及预期，同时西北液厂多时段面临亏损倒挂，国产液厂开工率下滑；7 月起，随着进口 LNG 现货高价支撑利好国产 LNG 价格，国内液厂开工率再度回升。综合来看，2023 年非采暖季国内液

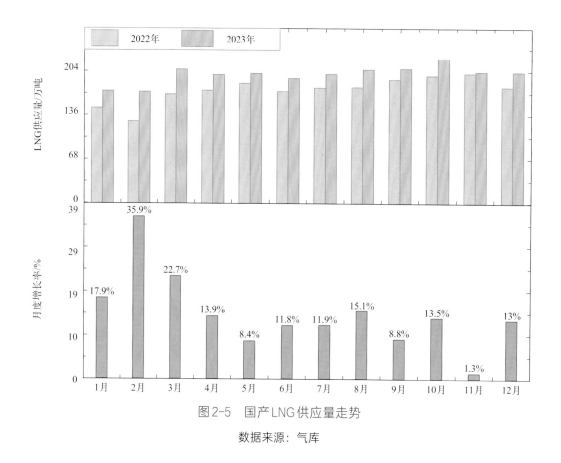

图 2-5　国产 LNG 供应量走势

数据来源：气库

厂开工率整体仍高于去年同期。2023 年国产 LNG 项目平均开工率为55.4%，同比增长 2.3%（图 2-6）。

2. 进口 LNG

LNG 进口恢复正增长。中国近两年签署的 LNG 中长期购销合同中，约 1200 万吨/年的合同量自 2023 年起供，叠加东北亚 LNG 现货价格较 2022 年有所回落，国内能源企业陆续采购现货，LNG 进口增速自 2023 年 2 月起转正，7 月进口量自 2022 年 1 月以来首次超过 2021 年同期水平。2023 年全年 LNG 进口量 7132 万吨，同比 2022 年增长 12.6%（图 2-7）。其中，LNG 现货进口 836 万吨，同比 2022 年增长 38.5%，但增长幅度明显小于东北亚 LNG 现货价格下降幅度（−59.0%）（图 2-8）。

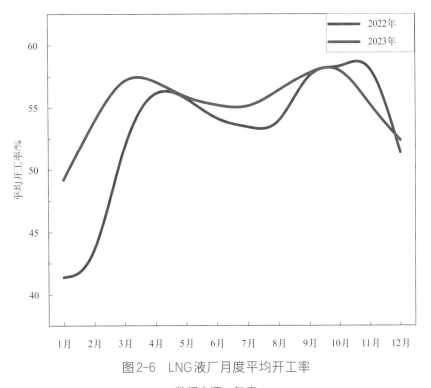

图2-6　LNG液厂月度平均开工率

数据来源：气库

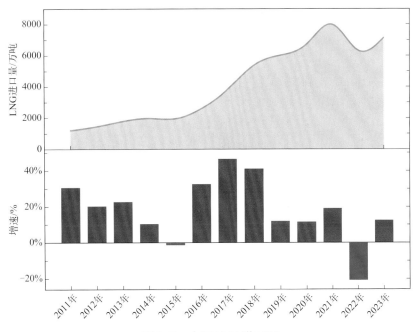

图2-7　中国LNG进口量

数据来源：海关总署

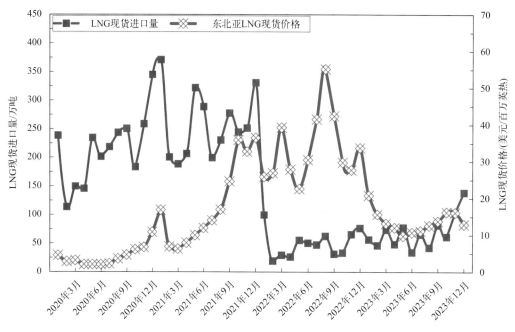

图 2-8　中国 LNG 现货进口量

数据来源：Rystad Energy

LNG 进口集中度较高。2023 年，中国 LNG 进口来源国多达 20 余个，主要是澳大利亚、卡塔尔、俄罗斯、马来西亚、印度尼西亚、美国，占进口总量 88.5%。其中，自澳大利亚进口量仍位居第一位，但比重降至 34%；自美国进口量同比 2022 年较快增长，增速达 51.2%；自马来西亚进口量同比 2022 年小幅下降 3.7%（表 2-1，图 2-9，图 2-10）。

表 2-1　2023 年 LNG 主要进口来源国与接收站

主要进口来源国	进口量/万吨	占 LNG 进口比重/%
澳大利亚	2416	33.9
卡塔尔	1666	23.4
俄罗斯	805	11.3
马来西亚	709	9.9
印度尼西亚	399	5.6

主要进口来源国	进口量/万吨	占 LNG 进口比重/%
美国	315	4.3

主要进口接收站	进口量/万吨	占 LNG 进口比重/%
中国海油大鹏	832	11.7
中国石油如东	653	9.2
中国石化青岛	561	7.9
中国石油曹妃甸	533	7.5
国家管网迭福	509	7.1
中国石化天津	488	6.8
中国海油宁波	470	6.6

数据来源：思亚能源

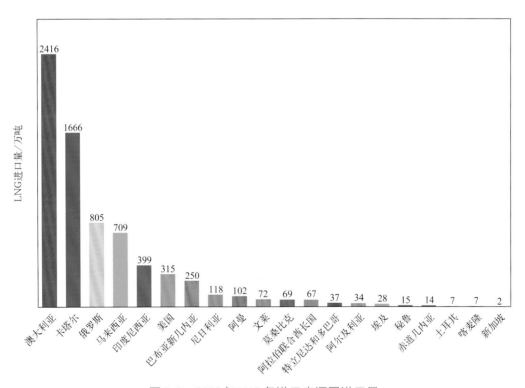

图 2-9　2023 年 LNG 各进口来源国进口量

数据来源：思亚能源

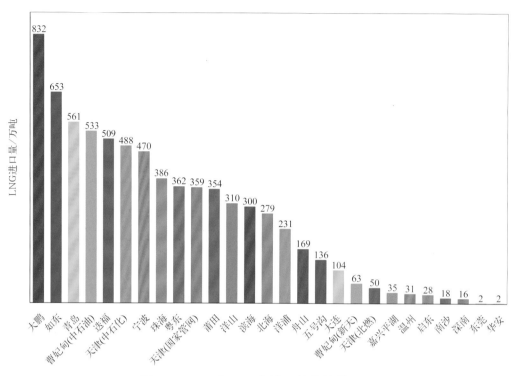

图 2-10   2023 年 LNG 各进口接收站进口量

数据来源：思亚能源

2023年新签LNG合同量超1600万吨/年。2023年，国内企业签订共13笔LNG购销协议（包括短期协议），其中4笔合计约156万吨/年的采购量自2024年开始执行。新签合同条款特点如下：一是LNG中长期购销协议的数量和规模较2022年有所下降。2023年签订10笔中长期购销协议（4年以上），合同量共1416万吨/年，低于2022年的13笔1830万吨/年。

二是合同条款为装运港船上交货价（FOB）的占比持续提高。2023年签订FOB合同比重约64%，较2022年增加10个百分点（图2-11）。

三是与Henry Hub挂钩的中长期购销合同数量增加。价格挂钩方式和交付方式上，2023年与Henry Hub挂钩的LNG中长期购销合同占比67%，较2022年增长5个百分点（图2-12）。

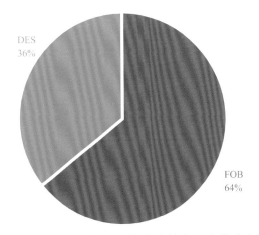

图 2-11 2023 年 LNG 协议（按合同条款分）

数据来源：IHS Markit、Rystad Energy

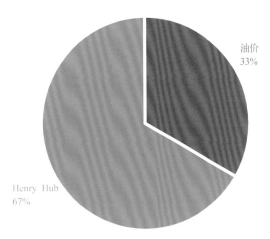

图 2-12 2023 年 LNG 中长期协议（按挂钩方式分）

数据来源：IHS Markit、Rystad Energy

四是来源国中卡塔尔与美国占比较高。随着卡塔尔北方气田扩产扩建以及美国液化项目的增加，2023 年签订的 LNG 中长期购销合同中，与卡塔尔、美国签订的合同量分别为 786 万吨 / 年、380 万吨 / 年，占比分别为 56%、27%（图 2-13）。

3. LNG 接收站槽批

2023 年国际 LNG 现货成本高位震荡，进口商转出口意愿较为强

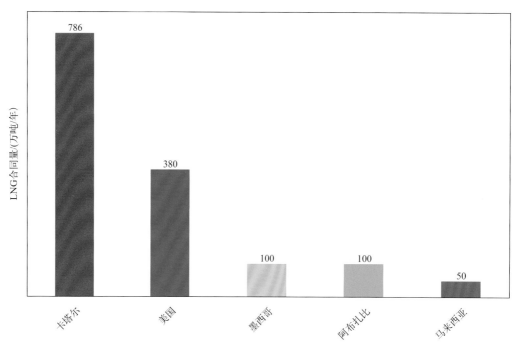

图 2-13　2023 年 LNG 协议（按来源国分）

数据来源：IHS Markit、Rystad Energy

烈，槽批出货意愿有所增强，带动接收站槽批装置利用率持续提升（图 2-14）。2023 年，中国进口 LNG 槽批供应量为 1243 万吨，同比 2022 年增加 43%，占 LNG 总供应量的 34%。

四、中国 LNG 价格

1. 全国 LNG 地区成交价大幅下跌

2023 年，随着东北亚 LNG 现货价格大幅下跌，中国 LNG 进口成本下降，LNG 出厂价格同比大幅下跌，出厂均价 4930 元/吨，同比 2022 年下跌 29.5%（图 2-15）。其中，国产 LNG 出厂综合价 4713 元/吨，同比 2022 年下跌 28.8%；进口 LNG 出厂综合价 5158 元/吨，同比 2022 年下跌 28.9%（图 2-16）。

总体上，第一季度工业恢复不及预期，国内 LNG 价格开始震

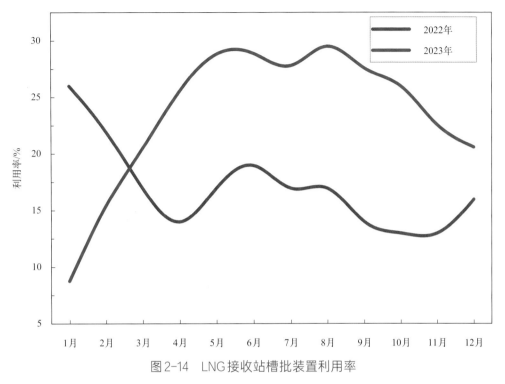

图2-14 LNG接收站槽批装置利用率

数据来源：气库

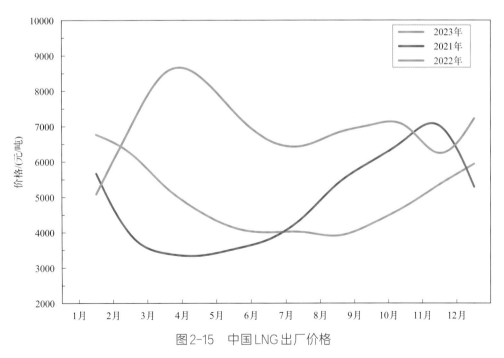

图2-15 中国LNG出厂价格

数据来源：气库

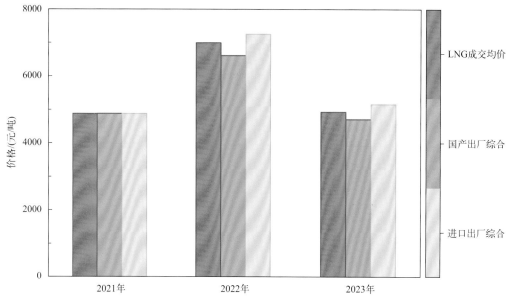

图 2-16 国产 LNG 与进口 LNG 出厂价格

数据来源：气库

荡下行；进入3月，供暖季逐渐结束，LNG需求开始回落，叠加国际LNG价格继续下跌，国内进口LNG成本下降，进口LNG与国产LNG资源竞争加剧，国内LNG价格跌势加快。第二季度为需求淡季，叠加国际LNG现货价格持续回落，国内LNG价格延续下跌走势。第三季度，夏季高温对LNG需求起到一定的提振作用，但国内经济及工业复苏不及预期，供需仍较为宽松，国际LNG现货价格仍处低位，LNG综合进口成本持续下降，国内液厂原料气成本也随之下调，LNG出口价格维持下跌走势。第四季度，供暖季逐步来临，供需态势有所收紧，出厂价格逐步回升。

2. LNG与LPG、燃料油价格对比

2022年，受地缘政治紧张影响，东北亚LNG现货价格大幅上涨，带动国内LNG价格走高，LNG相对LPG无经济性，但总体上经济性仍优于燃料油。2023年，随着全球LNG供需紧张态势缓解，叠加国际地缘政治风险溢价逐步消退，国际LNG价格大幅回落，LNG

相对 LPG 和燃料油经济性凸显。从月份看，2 月份之后，华南和华东地区 LNG 价格始终处于较低水平，一直维持其相对 LPG 与燃料油的经济优势；8 月份价差最大；9 月份之后，随着 LNG 价格快速上涨，价差逐步收窄；12 月 LNG 价格略高于 LPG 价格，但仍低于燃料油价格（图 2-17，图 2-18）。

3. 车用 LNG 与柴油价格对比

2023 年，国际原油价格高位震荡，国内成品油价格维持较高水平，而国内 LNG 价格跟随东北亚 LNG 现货价格大幅回落。2023 年全国主要城市气柴比❶约 0.5，较 2022 年缩减约 22%，车用 LNG 较柴油经济优势凸显（图 2-19）。

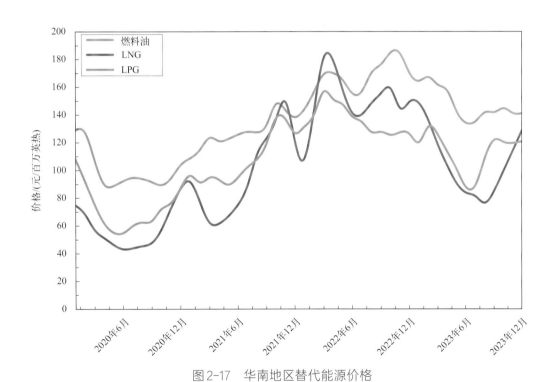

图 2-17　华南地区替代能源价格

数据来源：气库

---

❶ 等热值下 LNG/0# 柴油 =LNG（元 / 千克）×0.8×0.862/ 柴油（元 / 升）；等热值下价格比低于 0.7, LNG 具有经济性。1 千克 LNG 热值约为 12000 大卡（1 大卡 =4.1868kJ），1 千克柴油热值约为 9600 大卡，1 升柴油约 0.862 千克。

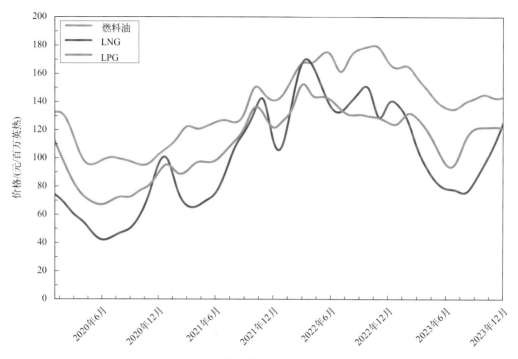

图 2-18　华东地区替代能源价格

数据来源：气库

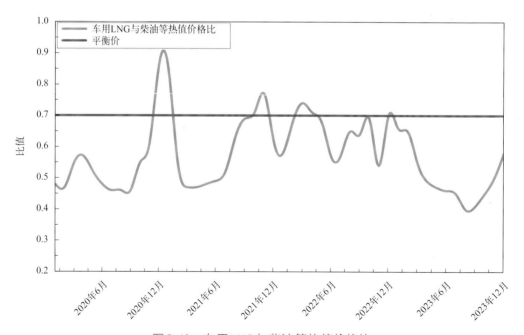

图 2-19　车用LNG与柴油等热值价格比

数据来源：气库

五、中国 LNG 基础设施

1. 中国 LNG 液厂

国内液厂总设计产能基本持平。截至 2023 年底，中国已投国产 LNG 项目共 261 座，总设计产能约为 1.84 亿立方米/天，较 2022 年底增加 0.28 亿立方米/天。其中，新投产国产 LNG 项目 20 座，新增产能 1325 万立方米/天（表 2-2）。从投产区域看，新增液厂多围绕气源地周边分布，西北、四川、重庆等地油气田分布较多，西北及重庆地区均有以常规管道气为气源的液厂投产；同时，山西因焦炭及煤层气供应旺盛、焦炉煤气成本较低，省内焦化厂多有投产液厂的预期，新增液厂数量较多。

表 2-2　2023 年新投国产 LNG 项目

项目简称	地区	气源类型	投产时间	设计产能/（万立方米/天）
河津龙门	山西	焦炉煤气	1 月	50
大唐克旗	内蒙古	煤制气	1 月	70
山西通洲	山西	焦炉煤气	1 月	40
长春元盛	吉林	管道气	2 月	50
重庆炘扬	重庆	管道气	2 月	15
平遥煤化	山西	焦炉煤气	3 月	60
洪通燃气	新疆	管道气	3 月	100
榆林圆恒二期	陕西	管道气	4 月	100
宁夏渝丰	宁夏	焦炉煤气	4 月	30
佳县宏远	陕西	管道气	5 月	120
沙雅丰合二期	新疆	管道气	6 月	50
甘肃泰晟达一期	甘肃	焦炉煤气	7 月	30
邯钢华丰	河北	焦炉煤气	8 月	50
博杰二期	重庆	管道气	8 月	30

续表

项目简称	地区	气源类型	投产时间	设计产能/（万立方米/天）
山西泽丰达	山西	管道气	9月	100
哈密巨融能源	新疆	管道气	9月	200
洪通燃气（2）	新疆	管道气	10月	100
贵阳液化	贵州	管道气	10月	50
武安华丰	河北	焦炉煤气	11月	30
威远港华	四川	管道气	12月	50
总计				1325

数据来源：气库

　　液厂分布集中于气源密集地区。从区域看，中国西北、华北地区油气田分布较多，LNG液化工厂相对集中，LNG供应量较高（图2-20）。从省份来看，内蒙古、陕西、山西作为中国最主要的国产LNG产地，LNG项目总产能约占全国总产能的53%。此外，国产

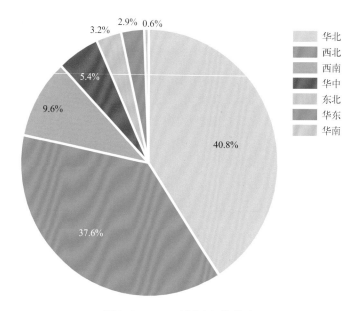

图2-20　LNG液厂产能分布

数据来源：气库

LNG产能分布前十的省份合计设计产能约为1.65亿立方米/天，约占全国总产能的89%（见图2-21）。

2. LNG接收站

截至2023年，全国已投产LNG接收站28座（不包含中国香港），总接卸规模1.23亿吨/年，同比增长12.8%。2023年共有4座接收站建成投产，分别为新天曹妃甸LNG接收站（500万吨/年）、浙江能源温州LNG接收站（300万吨/年）、广州LNG应急调峰气源站（100万吨/年）、北京燃气集团天津LNG接收站（500万吨/年）。

2023年，随着新天曹妃甸、浙江能源温州、北京燃气LNG接收站及广州LNG应急调峰气源站投运，中国接收站运营主体日益多元

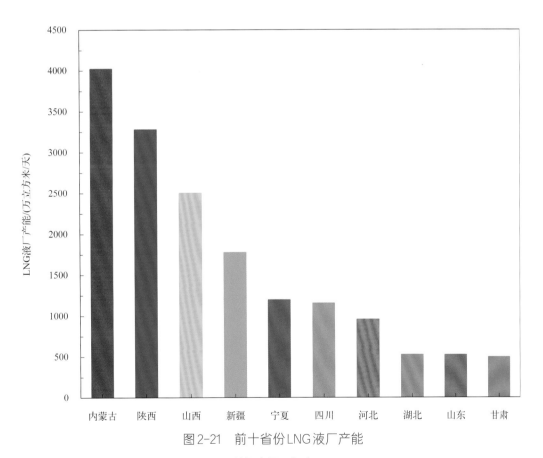

图2-21 前十省份LNG液厂产能

数据来源：气库

化。除国家管网、中国海油、中国石油和中国石化外，地方国有企业、民营企业已多达 10 家。截至 2023 年，国家管网接卸能力 2760 万吨/年（占比 22%），位居首位；其次是中国海油 2560 万吨/年（占比 21%），中国石油 2060 万吨/年（占比 17%），中国石化 1780 万吨/年（占比 14%）；地方国有企业、民营企业（申能、新奥、广汇、九丰、深燃等）接收能力逐渐增加，规模达 3180 万吨/年（占比 26%）。

中国 LNG 接收站主要分布在京津冀、长三角、珠三角地区（表 2-3）。从省份来看，天津市的 LNG 接收能力最大，合计接卸能力 2180 万吨/年，占全国总接卸能力的 17.7%；广东省（含深圳市）是中国 LNG 接收站项目最多的省份，在运项目共 7 个，合计接卸能力 1960 万吨/年，占全国总接卸能力的 15.9%；自 2022 年中国海油江苏 LNG 一期项目 300 万吨/年接收站投产，江苏总接转能力达到 1800 万吨/年，位居全国第三位；此外 LNG 接卸能力超 1000 万吨/年的省市还包括河北省、浙江省（图 2-22）。

表 2-3　中国 LNG 接收站基本情况（截至 2023 年）

控股方	项目名称	接卸规模/（万吨/年）	合计/（万吨/年）
国家管网	国家管网天津	600	2760
	国家管网辽宁大连	600	
	国家管网广西北海	600	
	国家管网深圳迭福	400	
	国家管网海南洋浦	300	
	国家管网揭阳粤东	200	
	国家管网广西防城港	60	
中国海油	中国海油深圳大鹏	680	2560
	中国海油福建莆田	630	
	中国海油浙江宁波	600	

续表

控股方	项目名称	接卸规模/（万吨/年）	合计/（万吨/年）
中国海油	中国海油广东珠海	350	2560
	中国海油江苏滨海	300	
中国石油	中国石油江苏如东	1000	2060
	中国石油唐山曹妃甸	1000	
	中国石油海南深南	60	
中国石化	中国石化天津	1080	1780
	中国石化青岛	700	
地方国有企业、民营企业	广汇江苏启东	500	3180
	北燃天津南港	500	
	新天曹妃甸	500	
	新奥浙江舟山	500	
	申能/中国海油上海洋山	300	
	浙能温州	300	
	九丰广东东莞	150	
	申能上海五号沟	150	
	浙江嘉兴LNG应急调峰储运站	100	
	广州南沙LNG应急调峰储气库	100	
	深燃深圳华安	80	

数据来源：Kpler

　　LNG 接收站利用率处于近年较低水平。近两年，受国际气价居于高位、中国天然气消费不振等因素影响，中国 LNG 接收站利用率维持在相对低位，远低于2019～2021年87%的平均利用率。2023年，中国天然气消费恢复正增长，但受东北亚 LNG 现货价格持续波动、天然气消费恢复程度不及预期、LNG 中长协购销合同量增长等因素影响，国内贸易商进口 LNG 现货积极性不高，全年 LNG 接收站平均利用率仅65%，与2022年同期基本持平。其中，仅1月、6月、

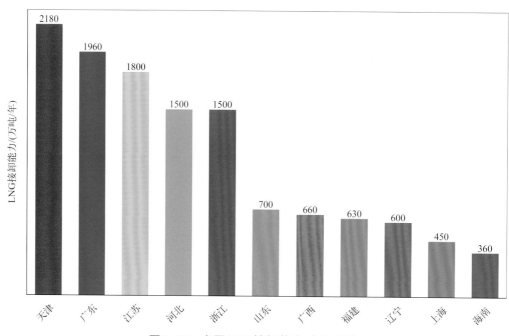

图2-22　中国LNG接卸能力（分省份）

数据来源：国家管网

12月LNG接收站平均利用率超70%，2月、9月、10月的淡季利用率不足60%。

3. LNG储罐

随着LNG接收站的建成投产，中国LNG储存能力稳步增长。截至2023年，已投产LNG接收站储存能力合计达1708万立方米，较2022年底增加303万立方米。

超过100万立方米储存能力的接收站包括中国石油唐山曹妃甸LNG接收站（128万立方米，包括8座16万立方米）、中国石化青岛LNG接收站（123万立方米，包括6座16万立方米、1座27万立方米）、中国石油江苏如东LNG接收站（共108万立方米，包括3座16万立方米、3座20万立方米）、中国石化天津LNG接收站（共108万立方米，4座16万立方米、2座22万立方米）（图2-23）。

目前已投运的储罐中，单体最大容积为27万立方米，位于中国

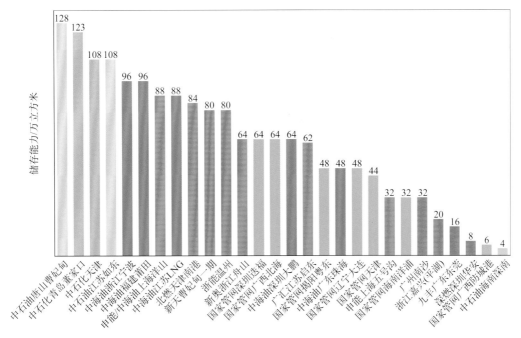

图 2-23　在运 LNG 接收站储罐规模

数据来源：思亚能源

石化青岛 LNG 接收站（1座）；其次，4座 LNG 接收站拥有 22 万立方米储罐，包括中国海油江苏 LNG 接收站（4座）、中国石化天津 LNG 接收站（2座）、北京燃气天津 LNG 接收站（1座）、国家管网天津 LNG 接收站（1座）。

截至 2023 年底，共5座 LNG 接收站拥有 LNG 保税储罐，合计储存能力共 112 万立方米，分别位于中国海油浙江宁波 LNG 接收站（2座16万立方米）、国家管网海南洋浦 LNG 接收站（2座16万立方米）、申能上海洋山 LNG 接收站（1座16万立方米）、国家管网迭福 LNG 接收站（1座16万立方米）、国家管网大连 LNG 接收站（1座16万立方米）。保税储罐的设立有助于推动 LNG 保税加注、保税出口、国际转运业务。

第二节
中国LNG行业发展趋势

一、中国LNG消费

　　2024年，随着国内经济继续恢复向好、能源结构将不断优化、LNG接收站等基础设施陆续建成投产，国内LNG市场将平稳有序发展，预计全年LNG消费量4200万吨，同比2023年增长15.6%。其中，交通用气量1919万吨，同比2023年增长18.2%；工业燃料用气量1268万吨，同比2023年增长14.9%；城市燃气用气量859万吨，同比2023年增长13.7%；发电用气量153万吨，同比2023年增长2.9%（图2-24）。从结构上看，交通用气占比45.7%，工业燃料用气占比30.2%，城市燃气占比20.5%，发电用气占比3.6%。

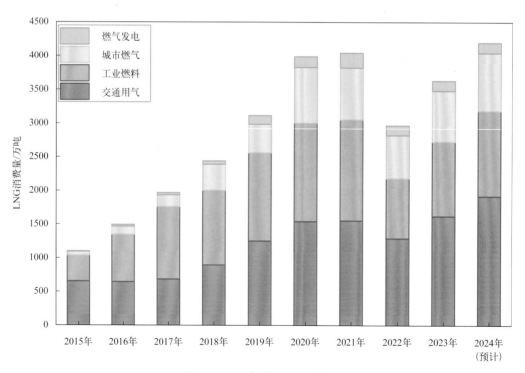

图2-24　分行业LNG消费量

数据来源：气库

（1）交通用气保持快速增长　一方面，随着2024年国际气价仍有下降预期，LNG 相较柴油、燃料油或仍具有一定经济性，叠加汽车排放标准的提高将促进 LNG 车辆置换、LNG 车辆销售量及周转率增长，推升车用 LNG 需求。另一方面，随着"气化长江""气化珠江"等工程不断推进，LNG 利用将在船用市场加快发展，LNG 船舶加注基础设施建设或有提速，其中"十四五"末广东省或有1500艘天然气船舶投入内河航运，将带动船用 LNG 市场用气需求的增长。综合来看，交通用气仍是 LNG 消费中占比最大的板块，也是增长的重点领域。

（2）工业燃料用气稳健增长　2024年，工业生产持续复苏、房地产销售或有一定增长，拉动相关企业用气需求；同时，《空气质量持续改善行动计划》等政策提出"积极稳妥推进以气代煤"，工业"煤改气"工程持续推进，工业用气总量将持续增长，叠加 LNG 成交均价位于较低水平，推升用 LNG 需求；但随着天然气管网日趋完善，点供用户或倾向于管道气，对 LNG 需求增量形成一定制约。综合来看，工业用气保持较快增长，占比略有下降。

（3）城燃用气保持增长　一方面，2024年，随着中国城镇化进程及"清洁取暖"工程持续推进、天然气基础设施不断完善，用气人口将保持增长，叠加旅游、餐饮等消费需求或进一步释放，居民及商业用气量仍将稳步增长，LNG 在其中仍将承担现有的城燃调峰角色。另一方面，在天然气管道互联互通、管道气覆盖率不断提升的背景下，城燃用 LNG 增量需求将主要出现在管道铺设难度较大或铺设成本较高的区域。综合来看，城燃用气保持增长态势。

（4）发电用气小幅增长　随着绿色低碳转型加速、可再生能源在电力体系的比例不断增加，预计2024年可再生能源发电量比重同比2023年增长约2个百分点，同时多地政策支持天然气与多种能源融合发展，燃气发电调峰、调频需求不断扩大，支撑 LNG 发电板块消费量；但与 LNG 相比，管道气供应的稳定性更为明显，燃气电厂更倾向于用管道气，LNG 发电消费量增长空间有限。综合来看，发电用气量小幅增长。

二、中国 LNG 供应

1. 国产 LNG

随着中国天然气需求的逐步增加，叠加多个 LNG 国产液厂仍处于在建状态，2024 年国产 LNG 供应或保持增加的趋势。预计 2024 年，中国国产 LNG 供应量为 2453 万吨，同比增长 2.7%（图 2-25）。

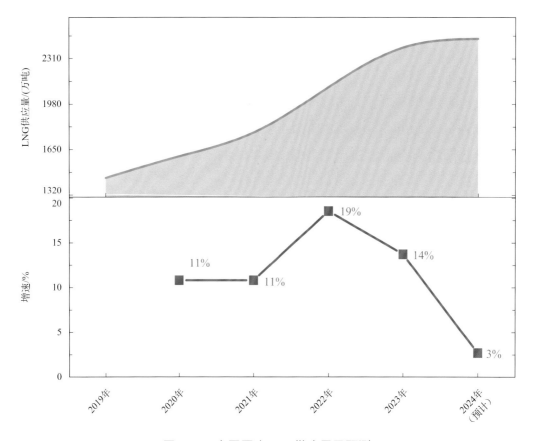

图 2-25　中国国产 LNG 供应量及预测

数据来源：气库、中国海油集团能源经济研究院

2. 进口LNG

2024年，LNG进口能力持续提升，预计2024年同比2023年增长44%左右；LNG中长期购销协议合同增量超230万吨/年，LNG现货进口仍将发挥灵活调节作用；预计全年LNG进口量7750万吨，同比2023年增长8.7%（图2-26）。

进口基础设施方面，预计11个LNG接收站项目将于2024年投产。截至2024年底，中国LNG接收站总接卸规模将达1.63亿吨/年，同比2023年增加约5000万吨。其中，国家管网新增设施最多，将有3座LNG接收站建成投产，分别位于山东龙口、福建漳州、天津，合计接卸能力1400万吨/年；拟投产项目中，接收能力最大的是中

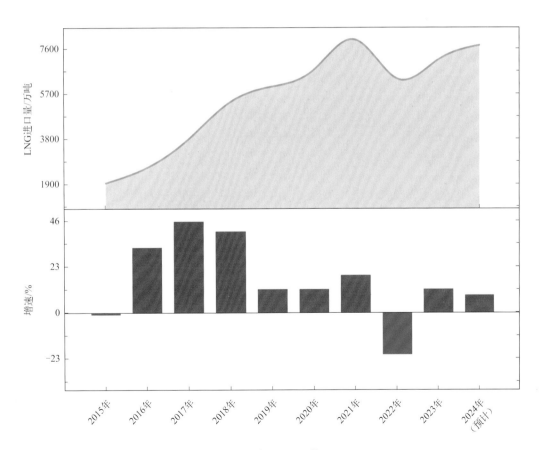

图2-26　中国LNG进口量

数据来源：海关总署、中国海油集团能源经济研究院

国石化龙口LNG接收站，接卸规模达650万吨/年；地方国有企业、民营企业LNG接收站建设持续提速，预计有4个项目将于2024年投产，合计接卸能力1910万吨/年（见表2-4）。

表2-4　预计2024年投产的LNG接收站基本情况

投资运营企业	项目名称	设计接卸能力 /（万吨/年）	LNG 储罐数量和容积
中国石化	青岛LNG接收站三期	400	1座27万立方米
国家管网	龙口南山LNG一期	500	6座22万立方米
广东能源	惠州LNG接收站	610	3座20万立方米
浙江华峰	温州华港LNG接收站	100	2座16万立方米
中国海油	江苏滨海LNG一期扩建	300	6座27万立方米
国家管网	漳州LNG接收站一期	300	3座16万立方米
江苏国信	如东LNG接收站一期	600	3座20万立方米
潮州华瀛	华瀛LNG接收站	600	3座20万立方米
国家管网	天津LNG接收站二期	600	6座22万立方米
中国海油	珠海LNG接收站二期	350	5座27万立方米
中国石化	龙口LNG接收站	650	4座22万立方米

数据来源：IHS Markit、Rystad Energy

3. LNG接收站槽批

从LNG接收站建设情况来看，目前处于在建及扩建项目的接收站多集中在2023～2026年投产，同时，国家管网集团LNG接收站积极对外开放，接收站外输量或有所增加，预计后期进口LNG输送将呈现竞争加剧的态势。2024年，预计中国进口LNG槽批供应量1760万吨，同比2023年增长41.6%（图2-27）。

三、中国LNG价格

一方面，随着全球LNG供需基本面转向宽松，2024年东北亚LNG现货价格较2023年继续下降，带动中国LNG出厂价格下调；

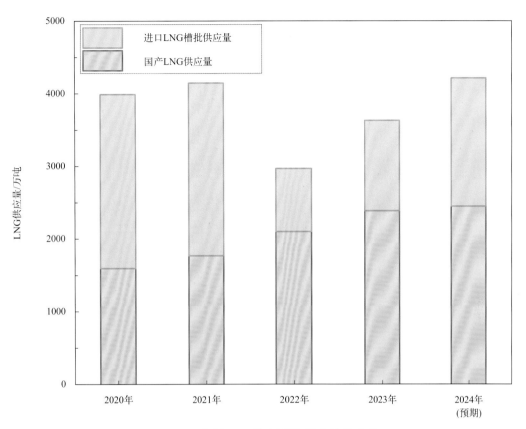

图 2-27　中国 LNG 供应量及供应结构走势

数据来源：气库、中国海油集团能源经济研究院

另一方面，中国天然气需求保持较快增长态势，预计 LNG 需求有所增加，对 LNG 价格形成一定的支撑。综合来看，预计 2024 年全国 LNG 地区成交均价约 4500 元/吨。

China LNG Report 2024

第三章

专题分析

第一节
国际天然气市场中长期发展趋势

一、全球天然气中长期消费发展趋势

1. 低碳转型背景下，全球天然气需求仍有增长空间

为了应对全球气候变暖，各国对碳排放的管控越来越严格，能源转型步伐显著加快。据不完全统计，截至2023年2月，全球132个国家提出净零排放目标，覆盖全球88%的碳排放、92%的GDP、85%的人口。作为清洁低碳的化石能源，天然气一方面具有替代煤炭、石油等高碳能源降低污染、碳排放的历史使命，另一方面也不可避免会受到可再生能源快速发展的冲击。整体来看，近期天然气消费仍将较快增长，但低碳转型将极大地影响长期天然气消费。

根据Rystad Energy预测，全球天然气消费在2035年左右达峰，峰值约为4.6万亿立方米。亚洲地区在低碳转型的推动下，消费持续增长，是主要增长来源；欧洲需求则持续减弱（图3-1）。

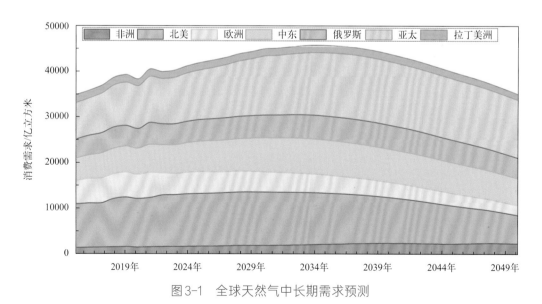

图3-1 全球天然气中长期需求预测

数据来源：Rystad Energy、中国海油集团能源经济研究院

2. 欧洲天然气中长期需求或持续下降

欧盟委员会提出REPowerEU能源独立计划，计划通过增加从非俄罗斯供应方进口能源、提高能效、增加可再生能源和电气化的方式，快速摆脱对俄罗斯化石燃料的依赖。此计划将导致欧洲天然气消费量在2030年前出现结构性下降，预计2030年的天然气消费为4500亿～4800亿立方米，与2021年相比下降15%～20%（图3-2）。

3. 低碳转型持续推进，亚洲将引领全球天然气中长期需求增长

受经济增长和能源转型驱动，亚洲天然气需求在2037年前将保持增长。根据国际机构预测，亚洲经济体韧性和内生动力较强，中长期经济发展向好。能源转型背景下，亚洲大多数国家已做出了碳中和承诺，并将在推进碳中和目标的过程中逐步实现可再生能源对化石能源的替代。但非化石能源受体量、利用范围、稳定性等影响无法快速替代化石能源。在能源转型的过渡阶段，天然气作为相对清洁低碳的化石能源，在新能源替代相对保守的亚洲地区，将成为亚太地区能源结构调整的重要增长点和低碳转型的主力军，预计

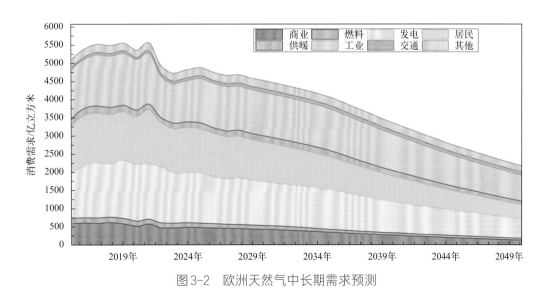

图 3-2　欧洲天然气中长期需求预测

数据来源：Rystad Energy、中国海油集团能源经济研究院

2030 年亚洲地区消费量超过 1.1 万亿立方米，与 2021 年相比增长约
2500 亿立方米；2037 年左右达峰，峰值约 1.35 万亿立方米（图 3-3）。

二、全球天然气中长期供应发展趋势

根据 Energy Institute（EI）发布的《世界能源统计年鉴（2023）》，
全球剩余探明可采储量 188.1 万亿立方米，其中中东占比 40.3%，独
联体国家（中亚 - 俄罗斯）占比 30.1%，亚太地区占比 8.8%，北美占
比 8.1%，非洲占比 6.9%，拉丁美洲占比 4.2%，欧洲占比 1.7%。全
球天然气资源丰富，储采比超过 40，低碳转型趋势下探明现有可采
储量可以满足今后 40 年的市场需求。

北美、中东、俄罗斯和亚太地区是全球天然气主要供应来源。
2030 年前，北美继续维持第一大产气区地位，随后产量逐渐下降，
全球占比不断萎缩。中东天然气产量不断增长，2030 年将超过 1 万
亿立方米，并长期维持较高水平；俄罗斯经历一段时间低谷后产量

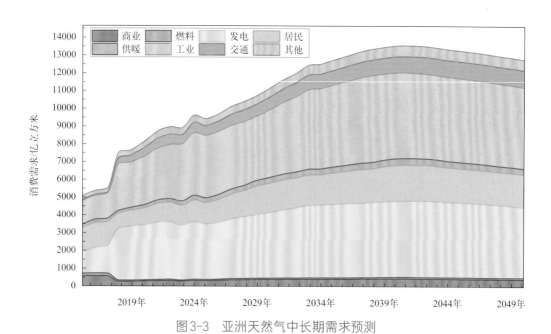

图 3-3 亚洲天然气中长期需求预测

数据来源：Rystad Energy、中国海油集团能源经济研究院

反弹，将和中东、亚太共同成为未来全球天然气供应的主要来源。

据Rystad Energy数据，预计全球天然气产量2035年前后达峰，峰值约4.6万亿立方米。

三、东北亚LNG中长期价格发展趋势

因2021～2022年油气价格高企，行业利润回升，投资增加，2025年开始，全球液化设施投运提速。2025～2030年，全球年均新增产能约4000万吨/年，显著高于过去几年1000万吨/年的增速，预计2030年液化产能接近7.0亿吨/年，增幅约50%。美国引领全球产能增长，美国新增产能约1.1亿吨/年，占全球新增产能的48%。卡塔尔新增产能约4800万吨/年，占比21%，排名第二（图3-4）。

随着LNG产能大规模集中释放，全球LNG供需逐步宽松，预计2025年后东北亚LNG价格逐步走低，2026年均价跌破10美元/百万英热。

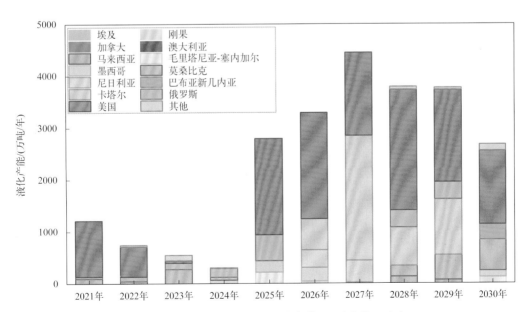

图3-4　全球液化产能增量中长期预测（分国家）

数据来源：IHS Markit、中国海油集团能源经济研究院

第二节
中国天然气行业中长期发展趋势

一、中国天然气中长期消费发展趋势

天然气将在新型能源体系中起关键支撑作用，消费量在较长时间内保持增长。中国石油集团经济技术研究院发布的《2060年世界与中国能源展望报告（2023版）》显示，双碳目标下天然气是支撑经济社会全面绿色转型的重要能源，持续替代高污染燃料、支撑新能源规模发展。2040年前，各领域用气需求均将保持增长，2040年峰值约6000亿立方米。2040年后，各领域用气需求均回落，2060年降至3800亿立方米。中国海油集团能源经济研究院发布的《2060能源展望（2023版）》显示，温和转型碳中和情景（CNS）下，天然气在中短期内仍有较大的发展空间，尤其是在工业、交通、建筑等领域，天然气将逐渐代替煤炭等高碳燃料。天然气消费量预计在2040年前后达峰，峰值超过6000亿立方米，2060年降至4800亿立方米。与CNS相比，CNS-CCUS情景下天然气的空间明显扩大，而在深度转型碳中和情景（CND）下，电气化的推进、氢能的规模化发展将促进天然气消费提早达峰，预计在2030～2035年即进入峰值平台期，峰值约为5300亿立方米；2060年降至2500亿立方米，发展空间被显著压缩。在《bp世界能源展望（2023版）》的净零情景下，2030年中国天然气消费量约为4700亿立方米，2060年降至1800亿立方米。

黄维和等（2023）的研究指出，统筹考虑"双碳"目标、能源安全、资源禀赋、经济性等因素，"碳中和"目标下预计2035～2040年中国天然气消费将达到峰值6000亿～6500亿立方米，2060年天然气消费约为3500亿～5300亿立方米，在一次能源消费结构中占比10%左右，在新型能源体系建设中将发挥重要作用。匡立春等（2022）的研究表明，天然气是可再生能源的"最佳伙伴"，未来将与其融合发展。2021～2035年，天然气消费快速增长，城市燃气、工业燃料、发电用气均有较大增幅，2035年消费量约6000亿立方米；天然气消费在2040年前达峰，峰值近6500亿立方米，2036～2050年间预计调峰发电用气是主要增长来源；2051～2060年，随着取暖、工业用气电力替代，天然气消费平稳下降，2060年降至约4000亿立方米。王震等（2021）研究指出，在"碳达峰碳中和"目标下，中国天然气消费量大概率在未来10年内保持较快增长，预计其峰值在2035年前后出现，峰值消费量大概率介于5500亿～6000亿立方米（图3-5）。

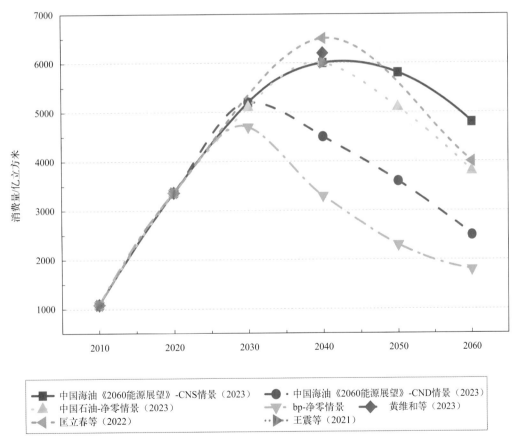

图3-5　双碳目标下未来中国天然气中长期消费变化的典型路径

数据来源：bp、中国石油经济技术研究院、中国海油集团能源经济研究院、黄维和、匡立春等综合来看，预计中国天然气消费将在2040年前达峰。但不同机构与学者对中国天然气消费峰值预测存在较大差异，分布在4700亿～6500亿立方米之间，集中在6000亿立方米附近；2060年消费量的预测区间在1800亿～4800亿立方米。

二、中国天然气中长期供应发展趋势

1. 国产气

中国天然气勘探开发处于早中期阶段，增产潜力大。《2060年世界与中国能源展望报告（2023年版）》指出，国内天然气产量有望突破3000亿立方米。《2060能源展望（2023版）》指出，在常规天然气与非常规天然气"双轮"驱动下，国内天然气产量继续稳步增长，2030年有望突破3000亿立方米，2040年峰值有望达到3300亿立方米。中国工程院重点项目"油气工程技术2035发展战略研究"显示，随着深水、陆上深层-超深层常规天然气、深层-超深层页岩气、深层煤层气勘探开发技术的突破和完善，2035年中国天然气产量有望突破3000亿立方米，其中致密气、页岩气以及煤层气等非常规天然气占比约50%。贾承造（2022）研究指出，非常规资源将成为增长主力，预测2035年中国天然气产量在3000亿立方米水平稳产。其中，常规气产量1400亿立方米、致密气700亿立方米、页岩气700亿立方米、煤层气200亿立方米。潘继平（2023）研究表明，国内天然气在"十四五"持续加大投入的基础上，在2030年前将持续保持年均增产100亿立方米以上，年产气量超3000亿立方米，之后5～10年可持续增产至3300立方米以上，年均增产幅度逐步放缓。陆家亮（2018）、王建良等（2019）研究认为，中国天然气产量具有突破4000亿立方米的潜力。总结来看，中国天然气产量将在2035年前后突破3000亿立方米，且未来仍有继续增长的可能性。

2. 管道气进口

中国持续推进管道气进口能力建设。截至2023年底，中国已投入使用的跨境天然气管道输送能力合计1050亿立方米/年。其中，中缅管道于2013年建成，设计输气能力120亿立方米/年；中亚管道A、B、C线设计输气能力合计550亿立方米/年，在2026年中亚管道D线完工后，中国中亚天然气进口管道的输送能力将增加300亿立方米/年，达850亿立方米/年；中俄东线于2019年建成，设计输气能力约380亿立方米/年，在2026年中俄—远东线建成后，中俄管道气进口能力将增加到480亿立方米/年（表3-1）。

表3-1 中国现有跨境天然气管道表

相关方	跨境管道	状态	投产时间	设计能力/ （亿立方米/年）
俄罗斯	中俄东线	运行中	2019年	380
	中俄远东线	建设中	2026年（预计）	100
中亚	中亚管道A	运行中	2009年	150
	中亚管道B	运行中	2010年	150
	中亚管道C	运行中	2017年	250
	中亚管道D	建设中	2026年（预计）	300
缅甸	中缅管道	运行中	2013年	120

数据来源：气库、Rystad Energy、公开数据整理

3. LNG进口

中国LNG进口能力将持续攀升。截至2023年底，中国LNG接收站的接收能力约为1.23亿吨/年。考虑在建以及规划项目，2025

年中国接收站的接收能力有望增长至近2亿吨/年，2040年有望超过
2.8亿吨/年（图3-6）。

4. 储气库

近年来，中国高度重视天然气储气设施建设，储气能力得到快
速提升。截至2023年底，中国储气调峰能力约为消费量的5.9%。预计
中国的储气设施建设仍将保持较快增长，服务季节调节和尖峰
保供。

三、中国天然气中长期供需态势

长期看，中国天然气的供应保障能力持续提升。中国目前初步

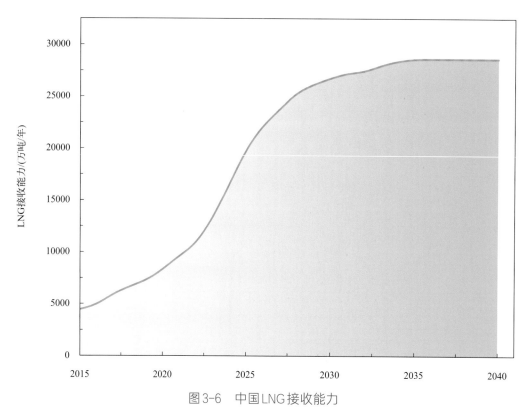

图 3-6   中国 LNG 接收能力

数据来源：气库、Rystad Energy

构建形成了西南、西北、东北、海上四大天然气进口重大战略运输通道。未来中国管道气进口能力约1500亿立方米/年，加之2.6亿吨/年（约3600亿立方米/年）的LNG接收能力以及超过3000亿立方米/年的国内产量，中国天然气供应能力约8500亿~9000亿立方米/年，为中国天然气安全供应打下牢固基础。

参考文献

[1] 黄维和, 周淑慧, 王军. 全球天然气供需格局变化及对中国天然气安全供应的思考[J]. 油气与新能源, 2023 (2):1-12+20.

[2] 匡立春, 邹才能, 黄维和, 等. 碳达峰碳中和愿景下中国能源需求预测与转型发展趋势[J]. 石油科技论坛, 2022(1):9-17.

[3] 王震, 孔盈皓, 李伟. "碳中和"背景下中国天然气产业发展综述[J]. 天然气工业, 2021, 41(8):194-202.

[4] 贾承造. 全国油气勘探开发形势与发展前景[J]. 中国石油石化, 2022(20):14-17.

[5] 潘继平. 中国油气勘探开发新进展与前景展望[J]. 石油科技论坛, 2023(1):23-31+40.

[6] 陆家亮, 赵素平, 孙玉平等. 中国天然气产量峰值研究及建议[J]. 天然气工业, 2018, 38(1):1-9.

[7] 王建良, 刘睿. 中国天然气产量中长期走势预测研究[J]. 煤炭经济研究, 2019, 39(10):41-47.

[8] 王震, 鲍春莉. 中国海洋能源发展报告2023[M]. 北京: 石油工业出版社, 2023.

[9] 王震, 鲍春莉. 中国海洋能源发展报告2022[M]. 北京: 石油工业出版社, 2022.

[10] 王震, 鲍春莉. 中国海洋能源发展报告2021[M]. 北京: 石油工业出版社, 2021.

[11] 钱兴坤, 陆如泉. 2023年国内外油气行业发展报告[M]. 北京: 石油工业出版社, 2023.

[12] 国际货币基金组织. 世界经济展望[R]. 2024-04.

附录

附录1 全球在运营LNG接收设施

市场	接收设施名称	投运年份	接收能力 /（百万吨/年）	类型
阿根廷	Bahia Blanca GasPort - Excelerate Exemplar	2021	3.80	浮式
阿根廷	GNL Escobar - Excelerate Expedient	2011	3.80	浮式
巴林	Bahrain LNG	2020	6.00	浮式
孟加拉	Moheshkhali - Excelerate Excellence	2018	3.75	浮式
孟加拉	Summit FSRU	2019	3.80	浮式
比利时	Zeebrugge	1987	6.60	陆上
巴西	Acu Port LNG	2020	5.60	浮式
巴西	Bahia LNG	2021	5.37	浮式
巴西	Guanabara LNG	2020	8.05	浮式
巴西	Sepetiba Bay FSRU	2022	2.27	浮式
巴西	Para LNG (Barcarena)	2024	6.00	浮式
巴西	Pecem LNG	2021	3.80	浮式
巴西	Sergipe LNG	2020	5.64	浮式
加拿大	Saint John LNG	2009	7.50	陆上
智利	GNL Mejillones	2014	1.50	陆上
智利	GNL Quintero	2009	4.00	陆上
中国	曹妃甸（唐山）LNG	2013	10.00	陆上

市场	接收设施名称	投运年份	接收能力/ （百万吨/年）	类型
中国	大连LNG	2011	6.00	陆上
中国	深圳迭福LNG	2018	4.00	陆上
中国	广西防城港LNG	2019	0.60	陆上
中国	福建LNG（秀屿港）	2009	6.30	陆上
中国	广东大鹏LNG	2006	6.80	陆上
中国	北海LNG	2016	6.00	陆上
中国	广燃南沙LNG	2023	1.00	陆上
中国	海南中油深南LNG	2014	0.28	陆上
中国	海南洋浦LNG	2014	3.00	陆上
中国	香港FSRU	2023	6.13	浮式
中国	江苏如东LNG	2011	10.00	陆上
中国	江苏滨海LNG	2022	3.00	陆上
中国	嘉兴平湖LNG	2022	1.00	陆上
中国	粤东LNG	2018	2.00	陆上
中国	九丰LNG	2012	1.00	陆上
中国	江苏启东LNG	2017	5.00	陆上
中国	青岛LNG	2014	11.00	陆上
中国	上海五号沟LNG	2008	1.50	陆上
中国	上海洋山LNG	2009	6.00	陆上
中国	深燃华安LNG	2019	0.80	陆上
中国	新天曹妃甸LNG	2023	5.00	陆上
中国	北燃天津LNG	2023	1.94	陆上
中国	国网天津LNG	2013	6.00	陆上

续表

市场	接收设施名称	投运年份	接收能力/（百万吨/年）	类型
中国	中国石化天津 LNG	2018	10.80	陆上
中国	浙能温州 LNG	2023	3.00	陆上
中国	浙江宁波 LNG	2012	6.00	陆上
中国	舟山新奥 LNG	2018	5.00	陆上
中国	珠海金湾 LNG	2013	3.50	陆上
中国台湾	台中 LNG	2009	6.00	陆上
中国台湾	永安 LNG	1990	10.50	陆上
哥伦比亚	SPEC FSRU	2016	3.00	浮式
克罗地亚	Krk LNG terminal	2021	2.13	浮式
多米尼亚	AES Andres LNG	2003	1.90	陆上
萨尔瓦多	El Salvador FSRU	2022	2.15	浮式
芬兰	Hamina LNG-terminal	2022	0.12	陆上
芬兰	Inkoo FSRU	2023	3.68	浮式
芬兰	Pori LNG	2016	0.15	陆上
芬兰	Tornio Manga LNG	2018	0.40	陆上
法国	Dunkirk LNG	2017	9.60	陆上
法国	Fos Cavaou	2010	6.00	陆上
法国	Fos Tonkin	1972	1.10	陆上
法国	Le Havre FSRU	2023	3.68	浮式
法国	Montoir-de-Bretagne	1980	8.00	陆上
德国	Elbehafen LNG	2023	3.68	浮式
德国	Lubmin LNG	2023	3.82	浮式
德国	Mukran LNG	2024	9.93	浮式

续表

市场	接收设施名称	投运年份	接收能力 /（百万吨/年）	类型
德国	Wilhelmshaven LNG	2022	5.51	浮式
希腊	Alexandroupolis LNG	2024	4.04	浮式
希腊	Revithoussa	2000	4.93	陆上
印度	Dabhol LNG	2013	2.00	陆上
印度	Dahej LNG	2004	17.50	陆上
印度	Dhamra LNG	2023	5.00	陆上
印度	Ennore LNG	2019	5.00	陆上
印度	Hazira LNG	2005	5.00	陆上
印度	Kochi LNG	2013	5.00	陆上
印度	Mundra LNG	2020	5.00	陆上
印度尼西亚	Arun LNG	2015	3.00	陆上
印度尼西亚	Benoa LNG (Bali)	2016	0.30	浮式
印度尼西亚	Cilamaya - Jawa 1 FSRU	2021	2.40	浮式
印度尼西亚	Lampung LNG - PGN FSRU Lampung	2014	1.80	浮式
印度尼西亚	Nusantara Regas Satu - FSRU Jawa Barat	2012	3.80	浮式
印度尼西亚	Powership Zeynep Sultan Amurang - Hua Xiang 8 FSRU	2020	0.10	浮式
以色列	Hadera Deepwater LNG - Excelerate Expedient	2013	3.00	浮式
意大利	Adriatic LNG	2009	6.62	浮式
意大利	HIGAS LNG terminal	2021	0.20	陆上

续表

市场	接收设施名称	投运年份	接收能力 /（百万吨/年）	类型
意大利	Panigaglia LNG	1971	2.58	陆上
意大利	Piombino FSRU	2023	3.68	浮式
意大利	Ravenna LNG	2021	0.70	陆上
意大利	Toscana - Toscana FSRU	2013	2.70	浮式
牙买加	Old Harbour FSRU	2019	3.60	浮式
日本	Akita LNG Terminal	2015	0.58	陆上
日本	Chikko Terminal	2003	0.20	陆上
日本	Chita LNG	1983	10.90	陆上
日本	Chita LNG	1977	7.50	陆上
日本	Chita Midorihama Works	2001	8.30	陆上
日本	Futtsu LNG	1985	16.00	陆上
日本	Hachinohe	2015	1.50	陆上
日本	Hakodate-Minato Terminal	2006	0.22	陆上
日本	Hatsukaichi	1996	0.90	陆上
日本	Hibiki LNG	2014	2.40	陆上
日本	Higashi-Niigata	1984	8.90	陆上
日本	Higashi-Ohgishima	1984	14.70	陆上
日本	Himeji LNG Kansai	1979	14.00	陆上
日本	Hitachi LNG	2016	6.40	陆上
日本	Ishikari LNG	2012	2.70	陆上
日本	Joetsu	2012	2.30	陆上
日本	Kagoshima	1996	0.20	陆上
日本	Kawagoe	1997	7.70	陆上

续表

市场	接收设施名称	投运年份	接收能力/ （百万吨/年）	类型
日本	Kushiro LNG	2015	0.50	陆上
日本	Matsuyama Terminal	2008	0.38	陆上
日本	Mizushima	2006	4.30	陆上
日本	Nagasaki	2003	0.15	陆上
日本	Naoetsu LNG	2013	1.50	陆上
日本	Negishi	1969	12.00	陆上
日本	Niihama LNG	2022	1.00	陆上
日本	Ohgishima	1998	9.90	陆上
日本	Oita LNG	1990	5.10	陆上
日本	Sakai LNG	2006	6.40	陆上
日本	Sakaide LNG	2010	1.20	陆上
日本	Senboku Ⅰ & Ⅱ	1972	15.30	陆上
日本	Shin-Minato	1997	0.30	陆上
日本	Shin-Sendai	2015	1.50	陆上
日本	Sodegaura	1973	29.40	陆上
日本	Sodeshi	1996	2.90	陆上
日本	Soma LNG	2018	1.50	陆上
日本	Takamatsu Terminal	2003	0.40	陆上
日本	Tobata	1977	6.80	陆上
日本	Tokushima LNG Terminal	2019	0.18	陆上
日本	Toyama Shinko	2018	0.38	陆上
日本	Yanai	1990	2.40	陆上
日本	Yokkaichi LNG Center	1987	6.40	陆上
日本	Yokkaichi Works	1991	2.10	陆上

续表

市场	接收设施名称	投运年份	接收能力/ （百万吨/年）	类型
日本	Yufutsu Terminal	2011	0.14	陆上
约旦	Jordan LNG - Golar Eskimo	2015	3.80	浮式
科威特	Al-Zour LNG Import Facility	2021	11.30	陆上
立陶宛	Klaipeda LNG	2014	2.94	浮式
马来西亚	Melaka LNG	2013	3.80	浮式
马来西亚	Pengerang LNG	2017	3.50	陆上
马耳他	Electrogas Malta	2017	0.40	浮式
墨西哥	Energia Costa Azul	2008	7.60	陆上
墨西哥	Pichilingue LNG	2021	0.80	陆上
墨西哥	Terminal de LNG Altamira	2006	5.40	陆上
墨西哥	Terminal KMS	2012	3.80	陆上
缅甸	Thilawa LNG FSU	2020	0.40	浮式
缅甸	Thilawa Dolphin LNG	2020	3.00	陆上
荷兰	Eemshaven FSRU	2022	5.88	浮式
荷兰	Gate LNG terminal (LNG Rotterdam)	2011	11.76	陆上
挪威	Fredrikstad LNG terminal	2011	0.10	陆上
挪威	Mosjøen LNG terminal	2007	0.40	陆上
巴基斯坦	Pakistan GasPort	2017	5.20	浮式
巴基斯坦	Port Qasim Karachi LNG	2015	4.80	浮式
巴拿马	Costa Norte LNG	2018	1.50	陆上
菲律宾	Batangas Bay LNG terminal (AG&P FSU)	2023	5.00	浮式

市场	接收设施名称	投运年份	接收能力/（百万吨/年）	类型
菲律宾	First Gen LNG	2023	5.00	浮式
波兰	Swinoujscie LNG	2016	3.68	陆上
葡萄牙	Sines LNG Terminal	2004	5.80	陆上
新加坡	Jurong LNG	2013	11.00	陆上
韩国	Boryeong LNG	2017	3.00	陆上
韩国	Gwangyang LNG	2005	3.10	陆上
韩国	Incheon	1996	54.90	陆上
韩国	Jeju LNG	2019	1.00	陆上
韩国	Pyeongtaek LNG	1986	41.00	陆上
韩国	Samcheok LNG	2014	11.60	陆上
韩国	Tongyeong LNG	2002	26.50	陆上
西班牙	Bahía de Bizkaia Gas	2003	5.10	陆上
西班牙	Barcelona LNG	1969	12.60	陆上
西班牙	Cartagena	1989	8.60	陆上
西班牙	El Musel	2023	5.88	陆上
西班牙	Huelva	1988	8.60	陆上
西班牙	Mugardos LNG	2007	2.60	陆上
西班牙	Sagunto	2006	6.40	陆上
瑞典	Lysekil LNG	2014	0.20	陆上
瑞典	Nynäshamn LNG	2011	0.40	陆上
泰国	Map Ta Phut	2011	11.50	陆上
泰国	Nong Fab LNG	2022	7.50	陆上
土耳其	Aliaga Izmir LNG	2006	4.40	陆上

续表

市场	接收设施名称	投运年份	接收能力/ （百万吨/年）	类型
土耳其	Dortyol LNG terminal	2021	7.51	浮式
土耳其	Etki LNG terminal	2019	7.50	浮式
土耳其	Gulf of Saros FSRU	2023	5.60	浮式
土耳其	Marmara Ereglisi	1994	5.90	陆上
阿联酋	Dubai Jebel Ali	2015	6.00	浮式
英国	Dragon LNG	2009	5.60	陆上
英国	Gibraltar LNG	2019	0.04	陆上
英国	Grain LNG	2005	15.00	陆上
英国	Mowi LNG terminal	2021	0.22	陆上
英国	South Hook LNG	2009	15.60	陆上
美国	Cove Point LNG	2003	11.00	陆上
美国	EcoElectrica	2000	2.00	陆上
美国	Elba Island LNG	1978	12.00	陆上
美国	Everett	1971	5.40	陆上
美国	Neptune Deepwater LNG Port	2010	5.40	陆上
美国	Northeast Gateway	2008	4.50	浮式
美国	San Juan - New Fortress LNG	2020	1.10	浮式
越南	Thi Vai LNG	2023	3.00	陆上

附录2　全球在建LNG接收设施

序号	市场	接收设施名称	投运年份	接收能力/ （百万吨/年）	类型
1	澳大利亚	Port Kembla LNG - Hoegh Galleon	2025	2.00	浮式
2	比利时	Zeebrugge 2 Expansion Step 1	2024	4.70	陆上
3	比利时	Zeebrugge 2 Expansion Step 2	2026	1.30	陆上
4	巴西	Sao Paulo LNG	2024	3.78	浮式
5	巴西	Terminal Gas Sul (TGS) LNG	2024	4.00	浮式
6	中国	潮州华瀛LNG 1	2024	6.00	陆上
7	中国	华润燃气如东LNG 1	2026	6.50	陆上
8	中国	中国石油福清LNG	2025	3.00	陆上
9	中国	广西北海LNG 3	2025	6.00	陆上
10	中国	广州LNG 2	2024	1.00	陆上
11	中国	华丰中天LNG	2025	4.00	陆上
12	中国	惠州LNG 1	2024	6.10	陆上
13	中国	江苏赣榆华电LNG	2026	3.00	陆上
14	中国	江苏国信如东LNG 1	2024	6.00	陆上
15	中国	江苏国信如东LNG 2	2025	3.05	陆上
16	中国	江苏滨海LNG 1 扩建	2024	6.00	陆上
17	中国	揭阳(粤东)LNG 2	2026	2.00	陆上
18	中国	中国石油龙口南山 LNG 1	2024	5.00	陆上
19	中国	莆田LNG	2026	5.65	陆上
20	中国	启东LNG 5	2025	5.00	陆上

续表

序号	市场	接收设施名称	投运年份	接收能力/ （百万吨/年）	类型
21	中国	上海 LNG 1	2025	3.00	陆上
22	中国	深圳燃气 LNG 2	2025	2.00	陆上
23	中国	中国石化龙口 LNG	2024	6.50	陆上
24	中国	中国石化舟山六横 LNG 1	2025	7.18	陆上
25	中国	唐山 LNG 2	2025	5.00	陆上
26	中国	唐山 LNG 3	2030	2.00	陆上
27	中国	天津南港 LNG 2	2024	2.04	陆上
28	中国	天津南港 LNG 3	2025	1.02	陆上
29	中国	中国石油天津 LNG 3	2026	6.50	陆上
30	中国	中国石化天津 LNG 3	2026	0.85	陆上
31	中国	温州华港 LNG 1	2024	3.00	陆上
32	中国	芜湖 LNG 转运站	2024	1.50	陆上
33	中国	协鑫汇东江苏如东 LNG 1	2025	3.00	陆上
34	中国	阳江 LNG	2024	2.80	陆上
35	中国	烟台西港 LNG	2024	5.90	陆上
36	中国	营口 LNG	2025	6.20	陆上
37	中国	漳州 LNG 1	2024	3.00	陆上
38	中国	漳州 LNG 2	2025	3.00	陆上
39	中国	浙江能源六横 LNG 1	2026	6.00	陆上
40	中国	浙江宁波 LNG 3	2025	6.00	陆上
41	中国	新奥舟山 LNG 3	2025	5.00	陆上

序号	市场	接收设施名称	投运年份	接收能力/ （百万吨/年）	类型
42	中国	珠海LNG 2	2024	3.50	陆上
43	中国台湾	台中LNG 3 扩建	2026	4.50	陆上
44	中国台湾	桃园LNG	2025	3.00	陆上
45	塞浦路斯	Cyprus FSRU	2025	0.60	浮式
46	爱沙尼亚	Paldiski LNG	2024	1.80	浮式
47	法国	Fos Cavaou 2	2026	2.00	陆上
48	德国	Elbehafen LNG 2	2026	5.88	陆上
49	德国	Stade LNG	2024	3.68	浮式
50	加纳	Tema LNG terminal	2024	1.70	浮式
51	印度	Andhra Pradesh LNG terminal	2026	4.00	陆上
52	印度	Chhara LNG	2026	5.00	陆上
53	印度	Dabhol LNG 2	2024	5.00	陆上
54	印度	Dabhol LNG Breakwater Completition	2024	3.00	陆上
55	印度	Dahej LNG 4 (capacity expansion phase I)	2025	2.50	陆上
56	印度	Dahej LNG 4 (capacity expansion phase II)	2026	2.50	陆上
57	印度	H-Gas LNG Gateway (Jaigarh LNG) - Hoegh Giant	2025	6.00	浮式
58	印度	Jafrabad FSRU	2026	5.00	浮式
59	印度	Karaikal LNG	2025	5.00	浮式
60	意大利	Ravenna FSRU (BW Singapore)	2025	3.68	浮式
61	尼亚加拉	Puerto Sandino FSRU	2024	1.30	浮式

序号	市场	接收设施名称	投运年份	接收能力/ （百万吨/年）	类型
62	巴基斯坦	Energas Terminal	2025	5.60	浮式
63	巴基斯坦	Pakistan Onshore LNG	2024	8.50	陆上
64	巴拿马	Sinolam LNG (Gaslog Singapore)	2024	1.10	浮式
65	菲律宾	Filipinas LNG Gateway	2025	4.40	浮式
66	菲律宾	Pagbilao LNG	2025	3.00	陆上
67	波兰	Swinoujscie Phase 1 Jetty Expansion	2024	0.59	陆上
68	波兰	Swinoujscie Phase 1 Storage Expansion	2024	1.84	陆上
69	波兰	Swinoujscie Phase 2	2024	1.90	陆上
70	塞内加尔	Senegal FSRU (Karmol LNGT Powership Africa)	2024	2.50	浮式
71	韩国	Gwangyang LNG 2	2025	2.10	陆上
72	越南	Cai Mep LNG Terminal	2024	3.00	陆上
73	越南	Hai Lang LNG	2026	1.50	陆上

注：1. 包含小型再气化终端（再气化能力<50万吨/年）。

2. 克罗地亚的 Krk LNG Terminal 的接收能力在其原有的190万吨/年的基础上扩建至210万吨/年。

3. 2023年，"安海角"号浮式液化天然气储存及再气化装置（FSRU）从国网天津LNG的码头离泊，至此转变为全陆地设施运营模式。

4. 附录1和附录2数据更新至2024年2月。

附录3 全球LNG市场划分

市场划分		市场名称
亚太	大洋洲	新喀里多尼亚
		帕劳
		巴布亚新几内亚
		新西兰
		澳大利亚
	亚洲	蒙古
		朝鲜
		韩国
		中国台湾
		日本
		中国
		柬埔寨
		老挝
		新加坡
		菲律宾
		东帝汶
		印度尼西亚
		马来西亚
		文莱
		越南
		泰国
		缅甸
		阿富汗

续表

市场划分		市场名称
亚太	亚洲	斯里兰卡
		孟加拉国
		印度
		巴基斯坦
中东	中东	伊朗
		伊拉克
		科威特
		沙特阿拉伯
		卡塔尔
		巴林
		阿联酋
		阿曼
		也门
		约旦
		叙利亚
		土耳其
		黎巴嫩
		以色列
非洲	非洲	厄立特里亚
		埃及
		利比亚
		突尼斯
		阿尔及利亚
		摩洛哥
		苏丹
		吉布提

续表

市场划分		市场名称
非洲	非洲	埃塞俄比亚
		马拉维
		卢旺达
		索马里
		赞比亚
		津巴布韦
		南苏丹
		马达加斯加
		莫桑比克
		坦桑尼亚
		乌干达
		肯尼亚
		博茨瓦纳
		纳米比亚
		南非
		贝宁
		中非共和国
		刚果金
		冈比亚
		几内亚
		几内亚比绍
		利比里亚
		马里
		圣多美和普林西比
		塞拉利昂
		多哥

续表

市场划分		市场名称
非洲	非洲	乍得
		毛里塔尼亚
		塞内加尔
		科特迪瓦
		加纳
		尼日尔
		尼日利亚
		喀麦隆
		赤道几内亚
		加蓬
		刚果
		安哥拉
美洲	拉丁美洲	阿鲁巴
		巴拉圭
		苏里南
		乌拉圭
		福克兰（乌尔维纳斯）群岛
		智利
		阿根廷
		玻利维亚
		秘鲁
		厄瓜多尔
		巴西
		法属圭亚那
		圭亚那
		委内瑞拉

续表

市场划分		市场名称
美洲	拉丁美洲	哥伦比亚
		特立尼达和多巴哥
		巴哈马
		巴巴多斯
		多米尼加共和国
		格林纳达
		瓜德罗普岛
		牙买加
		马提尼克岛
		美属维尔京群岛
		古巴
		波多黎各
		伯利兹
		哥斯达黎加
		萨尔瓦多
		危地马拉
		洪都拉斯
		尼加拉瓜
	北美	墨西哥
		美国
		加拿大
欧洲	欧洲	比利时
		法罗群岛
		芬兰
		冰岛
		爱尔兰

续表

市场划分		市场名称
欧洲	欧洲	瑞典
		挪威
		英国
		丹麦
		德国
		荷兰
		奥地利
		法国
		阿尔巴尼亚
		希腊
		马其顿
		马耳他
		黑山共和国
		葡萄牙
		塞尔维亚
		斯洛文尼亚
		西班牙
		意大利
		克罗地亚
		塞浦路斯
		保加利亚
		捷克共和国
		爱沙尼亚
		拉脱维亚
		立陶宛
		摩尔多瓦

续表

市场划分		市场名称
欧洲	欧洲	斯洛伐克
		罗马尼亚
		匈牙利
		波兰
		白俄罗斯
		乌克兰
独联体	俄罗斯	俄罗斯
	中亚	亚美尼亚
		格鲁吉亚
		吉尔吉斯斯坦
		塔吉克斯坦
		阿塞拜疆
		哈萨克斯坦
		土库曼斯坦
		乌兹别克斯坦